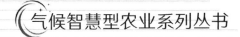

气候智慧型农业系列丛书

固碳减排 稳粮增收

气候智慧型农业的
中国良好实践

GUTAN JIANPAI WENLIANG ZENGSHOU
——QIHOU ZHIHUIXING NONGYE DE
ZHONGGUO LIANGHAO SHIJIAN

王全辉 郑成岩 张卫建 陈 阜 何雄奎 李 虎 编著

U0380606

中国农业出版社
北 京

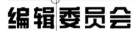

气候智慧型农业系列丛书

编辑委员会

主 任 委 员：王久臣　李　波　吴晓春

执 行 主 任：陈　阜　李　想　王全辉　张卫建　李景平

　　　　　　管大海　李　虎　何雄奎　孙　昊

委　　　　员（按姓氏笔画排序）：

　　　　　　习　斌　马　晶　马新明　王久臣　王全辉

　　　　　　尹小刚　邢可霞　吕修涛　刘荣志　许吟隆

　　　　　　孙　昊　李　虎　李　波　李　阔　李　想

　　　　　　李成玉　李向东　李景平　吴晓春　何雄奎

　　　　　　宋振伟　张　俊　张　瑞　张卫建　张春雨

　　　　　　张艳萍　陈　阜　郑成岩　莫广刚　董召荣

　　　　　　管大海　熊红利　熊淑萍

气候智慧型农业系列丛书

本书编写委员会

主　　编：王全辉　郑成岩　张卫建　陈　阜　何雄奎
　　　　　李　虎

副 主 编：张宝莉　马新明　董召荣　李向东　孙　昊

编写人员（按姓氏笔画排序）：

马新明　王全辉　刘代丽　许全然　许　鑫

孙　昊　严圣吉　李向东　李　虎　杨万祥

杨龙斌　肖升涛　吴　金　吴柳格　何雄奎

沈　玮　张卫建　张宝莉　张　俊　陈　阜

郑成岩　赵　飞　赵新文　黄　洁　董召荣

翟熙玥

序 | PREFACE

　　每一种农业发展方式均有其特定的时代意义，不同的发展方式诠释了其所处农业发展阶段面临的主要挑战与机遇。在气候变化的大背景下，如何协调减少温室气体排放和保障粮食安全之间的关系，以实现减缓气候变化、提升农业生产力、提高农民收入三大目标，达到"三赢"，是21世纪全世界共同面临的重大理论与技术难题。在联合国粮食及农业组织的积极倡导下，气候智慧型农业正成为全球应对气候变化的农业发展新模式。

　　为保障国家粮食安全，积极应对气候变化，推动农业绿色低碳发展，在全球环境基金（GEF）支持下，农业农村部（原农业部，2018年4月3日挂牌为农业农村部）与世界银行于2014—2020年共同实施了中国第一个气候智慧型农业项目——气候智慧型主要粮食作物生产项目。

　　项目实施5年来，成功地将国际先进的气候智慧农业理念转化为中国农业应对气候变化的成功实践，探索建立了多种资源高效、经济合理、固碳减排的粮食生产技术模式，实现了粮食增产、农民增收和有效应对气候变化的"三赢"，蹚出了一条中国农业绿色发展的新路子，为全球农业可持续发展贡献了中国经验和智慧。

　　"气候智慧型主要粮食作物生产项目"通过邀请国际知名专家参与设计、研讨交流、现场指导以及组织国外现场考察交流等多种方式，完善项目设计，很好地体现了"全球视野"和"中国国情"相结合的项目设计理念；通过管理人员、专家团队、企业家和农户的共同参与，使项目实现了"农民和妇女参与式"的良好环境评价和社会评估效果。基于项目实施的成功实践和取得的宝贵经验，我们编写了"气候智慧型农业系列丛书"（共12册），以期进一步总结和完善气候智慧型农业的理论体系、计量方法、技术模式及发展战略，讲好气候智慧型农业的中国故事，推动气候智慧型农业理念及良好实践在中国乃至世界得到更广泛的传播和应用。

作为中国气候智慧型农业实践的缩影，"气候智慧型农业系列丛书"有较强的理论性、实践性和战略性，包括理论研究、战略建议、方法指南、案例分析、技术手册、宣传画册等多种灵活的表现形式，读者群体较为广泛，既可以作为农业农村部门管理人员的决策参考，又可以用于农技推广人员指导广大农民开展一线实践，还可以作为农业高等院校的教学参考用书。

气候智慧型农业在中国刚刚起步，相关理论和技术模式有待进一步体系化、系统化，相关研究领域有待进一步拓展，尤其是气候智慧型农业的综合管理技术、基于生态景观的区域管理模式还有待于进一步探索。受编者时间、精力和研究水平所限，书中仍存在许多不足之处。我们希望以本系列丛书抛砖引玉，期待更多的批评和建议，共同推动中国气候智慧型农业发展，为保障中国粮食安全，实现中国 2060 年碳中和气候行动目标，为农业生产方式的战略转型做出更大贡献。

编者

2020 年 9 月

目 录 CONTENTS

第一章

概　述

一、气候智慧型农业的基本内涵

气候智慧型农业的概念由联合国粮食及农业组织（简称FAO）于2010年首先提出，是一种在气候变化背景下指导农业系统改革和调整的方法，用来有效支持农业可持续发展和保障粮食安全。气候智慧型农业主要有3个目标：一是可持续地增加农业生产力和收入；二是适应气候变化；三是尽可能地减少或消除温室气体（greenhouse gas，简称GHG）排放（图1）。

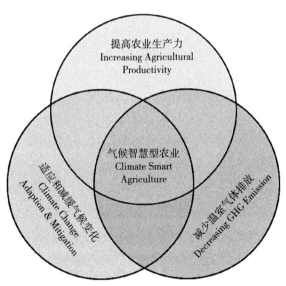

图1　气候智慧型农业（CSA）的定义

气候智慧型农业并非交叉学科，也并非一系列的农艺措施，而是在气候变化的背景下，因地制宜调整农业结构，以保证粮食安全的一种方法。不仅要把气候智慧型农业放在农业生态系统里来看待，还要将气候智慧型农业放在人类安全操作的社会生态系统下，以支持适应性管理和治理需要，科学地度量和科学决策对话，这需要科学团体的积极参与。对于资源稀缺的发展中国家农民来说，减少温室气体排放，有可能由于生产强度的下降而导致收入减少。因此，农业减排活动的实施要帮助农民尤其是小农提高相应的气候变化适应能力，气候智慧型农业可以很好地提升农田生态系统服务功能，并为其提供相应的适应气候变化的方法。

气候智慧型农业分析的起点是各国在农业政策和规划中的重点技术和做法，利用气候变化趋势的近期数据和短期预测信息来评估当地具体气候变化条件下，这些技术和做法在促进粮食安全、增强农业适应性方面的潜力，并做出相应的调整。此类调整包括：改变种植时间、采用耐热抗旱品种、培育新品种；改变种养结构、发展保护性农业（少免耕、覆盖和轮作）、推广节水灌溉技术和农林复合种植模式；将气候预测与种植计划有机结合、提高区域农业多样性、向非农生计来源转移等。

二、国外气候智慧型农业的发展概况

气候变化对农业生产的影响是多方面的，特别是对于全球生态条件、社会发展程度各异的区域，其影响存在差异。在此背景下，气候智慧型农业的发展也需根据实际情况，围绕可持续提高农业生产效率、增强作物应对气候变化的适应性、减少温室气体排放，构建实现国家粮食生产和安全的农业生产和发展模式。为此，各国政府、各类农业机构、农业研究人员、农业生产人员等就如何推行和建立气候智慧型农业展开了积极的实践。在联合国粮农组织、世界银行、各国政府、非政府组织以及私人公司资金的支持下，气候智慧型农业在近年来得到了快速的发展。各国围绕自身的农业生产特点与抗逆减排需求开展了大量的科学研究与实际应用。由于各国的经济社会发展水平不同，其侧重的领域也存在很大差异，因此其技术应用与政策制定的优先序各有不同。

1. **气候智慧型农业国际组织**　气候智慧型农业全球联盟（Global Alliance for Climate Smart Agriculture，后文简称 GACSA）成立于 2014 年 9 月召开的联合国气候峰会上，其目的为农业产量的可持续增长，农民收入增加，食物系统和农业生态系统弹性增强，农业温室气体减排。联盟行动方案目标为在 2030 年前，让全球 5 亿农民实践气候智慧型农业。同时，GACSA 为致力于气候智慧型农业的人员提供了一个平台，用以共享和交流各自的经验、信息及观点，用来讨论在适应和减缓气候变化领域正在进行的工作或亟待解决的问题。在此峰会上，美国还提出北美气候智慧型农业倡议，包括成立北美气候智慧型农业联盟（The North America CSA Alliance，简称 NACSAA）。联盟的主要目的是为农场主及其价值链伙伴联合提供开发改善农业生产系统弹性方法的平台，减缓和适应气候变化，增加未来气候变化风险下的农业弹性。

非洲气候智慧型农业联盟（Africa Climate Smart Agriculture Alliance，简称 Africa CSA）于 2014 年 6 月，在联合国气候变化周边会上成立，其目标是在 2021 年前支持撒哈拉以南非洲地区 600 万农户采用气候智慧型农业实践和方法，改善小农户的生活和生计，保证农业系统发展的公平性和可持续性。

2. **国际组织气候智慧型农业行动**　全球环境基金（Global Environment Facility，简称 GEF）围绕《联合国气候变化框架公约》的目标，设置了气候变化重点领域并划拨专项资金，用于支持全球发展中国家开展减缓与适应气候变化方面的研究，为减少温室气体的排放和改善当地经济及其环境条件创造效益，实现发展中国家能源市场转型，而气候智慧型农业也是其资助的主要方向之一。主要表现在三个方面：一是通过创新金融和市场机制实现可持续土地管理措施，保证小农农田的固碳减排；二是通过维持土壤有机质，改善农业和草原土地管理；三是增加作物、树木和畜牧生态服务功能技术的可获得性，扩大气候智慧型农业范围。

世界银行（World Bank Group，简称 WB）正致力于培育气候智慧型农业，在世界银行《气候变化行动计划》中，承诺为 1 亿人建立早期预警系统，协助至少 40 个国家制定气候智慧型农业投资计划，并继续开发和主流化相关项目产出的测量和指标，将温室气体排放纳入相关项目中去。世界银行全球实践发展局开发了全球气候智慧型农业指标体系，包括政策指标、技术指标和结果指标，通过收集全球农业生产数据，并对其进行综合评估，形成不同国家气候智慧型农业发展排名，为气候智慧型农业建立了标准和评价体系，有助于气候智慧型农业在世界上更大范围的推广。

"千分之四全球土壤增碳计划"（The "4/1 000 initiative：Soils for food security and climate"）于 2015 年 12 月 1 日在巴黎举行的第 21 届联合国气候变化大会（简称 COP21）启动，其主要解决的问题：一是通过增加土壤肥力和防治土地退化改善粮食安全；二是农业适应气候变化；三是减缓气候变化。倡议的主要目的是增加土壤有机质和碳储量。其目的与气候智慧型农业方法有很多的重叠之处。

全球温室气体研究联盟成立的时间（2009 年 12 月正式成立）要早于气候智慧型农业概念首次提出的时间，联盟致力于通过研究、开发和推广相关技术和实践，为在不增加温室气体排放前提下的粮食增产或粮食系统气候弹性增强提供解决方案，其理念和宗旨很好地诠释了气候智慧型农业概念。

3. **典型区域气候智慧型农业实践**

（1）北美洲。北美洲包括美国和加拿大，是农业最为发达的地区之一。该地区土地资源丰富，以农业机械化、集约化生产著称，其气候智慧型农业的实践主要注重于完善的激励政策制定与实施、农业废弃物与副产品资源化技术、可持续土壤管理以及农产品供应链优化等方面。早在 2014 年的纽约气候峰会期间，美国总统奥巴马即宣布发起气候智慧型农业全球联盟，力求到 2030 年让 5 亿农民、渔民、畜禽养殖者以及森林居民采用气候智慧型农业技术，实现可持续提高产量、增强农业应对气候变化的适应性与弹性、减少温室气体排放。2016年美国农业部发布了气候智慧型农业执行路线图，用以帮助美国农民、农场主及林场主对气候变化做出响应，其效果主要依赖于自愿性的、基于集约型的资源保护措施、能源计划，保障减排温室气体、增强土壤碳储量，并扩展农业部门可再生能源的生产。为了明确农业系统对气候变化的响应与适应机制，美国建立了7个气候中心以及包含18个农业生态系统长期定位试验站在内的联网试验平台，为气候智慧型农业技术革新提供支撑。在农业废弃物资源化方面，美国实施了奶牛场沼气池研究与推广项目，通过建设沼气池将奶牛排泄物产生的 CH_4 等温室气体储存起来，并转化为能源进行利用。在土壤养分管理方面，美国开展了养分研究和教育项目，通过与大学与推广机构建立长期的合作关系，制定合理的氮肥运筹管理方式，指导农民实施高效施肥技术，以降低氮素流失和降低 N_2O 排放。在土壤健康管理方面，美国和加拿大主要推广秸秆还田、少免耕、轮耕、休耕等保护性耕作措施，增强土壤固碳能力和对气候变化的弹性，此外，通过在农田周围设置农业缓冲带（如农业湿地、植物隔离带等），提高农田减排防虫能力。在畜牧业减排方面，美国依托大学与企业结合研发饲料添加剂，通过调节肉牛饲料管理，提升肉质，降低温室气体、氮氧化物及粪便中的氮流失；美国农业部与大学共同开发维护的牧场系统全生命周期温室气体排放计量与汇报系统，可综合评估牧场生产的每一个过程的温室气体排放，从而指导农场主改进每一步生产措施以提高生产效率并降低温室气体排放及碳氮损失。

（2）欧洲。欧洲农业发达，农产品经济效益高，在气候智慧型农业的实践过程中以发挥农业生态系统的服务功能为主导，通过增强农业基础设施的适应能力，协调农业适应气候变化与减排的政策目标，改善生产者适应气候变化的能力。在具体的研究与应用中，欧洲各国更注重整合高新技术，在提高生产效率的同时，增强农业系统的弹性和节能减排效果。如：法国主要通过农业模型、遥感技术与网络技术的结合，实现作物生产精准化管理，如：在葡萄园通过精准化的灌溉等管理，保障葡萄园的产量与质量同步提升，不仅提高了资源利用效率，相应的也达到了降低温室气体排放的目标。荷兰将水培作物的副产品转化为有机肥料，并施用于农田，替代部分高排放的化学肥料，不仅提高了农业副产品的利用效率，而且减少了温室气体排放；将LED灯应用于设施园艺与城市农场，与传统光源相比可提高能源的利用效率，间接降低温室气体排放；与法国相似，荷兰也通过精准控制灌溉系统与气象数据的整合，精准控制农田的灌溉水用量与能源消耗，提高农业生产效率。瑞士制定了能源交易政策，鼓励农民将农业副产品运输到能源工厂生产燃气，同时可以免费得到有机肥，并施入农田。挪威的气候智慧型模式主要是发展生物炭，通过将枯枝和秸秆转化为生物炭施入农田转变为土壤肥力，增加土壤碳储量，减少温室气体排放。

(3) 拉丁美洲。 拉丁美洲是全球热带雨林分布最广、面积最大的地区。然而自从20世纪60年代以来，由于人口迅速增长，居民伐林取木、开辟牧场与农田，致使雨林面积减少，其森林碳汇与生物多样性保持的生态功能遭到严重破坏。此外，南美洲的畜牧业发达，在饲料生产和动物饲养过程中的温室气体排放量居高不下。因此，拉丁美洲在气候智慧型农业的实践过程中将发展农林复合生态系统和降低畜牧业温室气体排放摆在首要位置。众多研究表明农林复合生态系统有利于增加土壤固碳、提高生物多样性、增加粮食产量、提供生物质产品以及增加农民收益等优点。如：巴西南部地区推行热带雨林种植可可、咖啡等耐荫经济作物，这一种植模式在不破坏热带雨林结构的同时，还可以生产经济价值较高的产品，改善农民生活条件。萨尔瓦多推广桉树与玉米农林间作种植，其中玉米可以作为粮食，而桉树可以用作燃料供农民使用，这一系统可以减少对天然树木的砍伐，增加森林固碳，同时经济效益要超过单一种植玉米或桉树的种植模式。林牧复合生态系统是农林复合系统的另一类模式，主要通过在同一土地单元内将林业、草业与畜牧业进行整合，采取时空分布或短期相间的经营方式，实现土地资源的高效利用。阿根廷、智利等国广泛采用林牧复合生态模式发展畜牧业生产，其优势在于一方面可以为居民提供粮食、木材、牧草、药材、肉类等产品，另一方面也有利于维持土壤肥力、增加土壤固碳、控制水土流失，起到增强农业系统弹性与减少温室气体排放的作用。在畜牧业减排方面，巴西是全球肉牛养殖第一大国，畜牧业温室气体排放占据全国总排放的约50%左右，减排压力巨大，为此，巴西政府实施了低碳农业项目，向畜牧业经营者提供低息贷款用于改善生产条件，提高畜牧业生产效率，降低肉牛生产过程中的温室气体排放。

(4) 亚洲。 农业是亚洲经济最重要的一部分，接近60%的亚洲人口从事农业生产活动，其中南亚地区营养不良人口占据了区域总人口的20%以上，是亚太地区甚至全世界粮食安全问题最严重的地区之一。2011年亚洲农业温室气体排放量占全球农业温室气体排放总量的40%以上，远高于世界其他各洲。水稻是亚洲的主要粮食作物，尤其是在东亚和南亚，而水稻种植过程中会产生大量的CH_4，是温室气体重要排放源之一。因此，亚洲实行气候智慧型农业的主要目标一是要降低稻田CH_4排放，二是要提高农业生产效率，减少饥饿人口。目前，稻田减排的关键技术研究已经比较成熟，并且在东南亚水稻主产区已经有广泛应用，如印度和孟加拉等水稻主产国通过低碳排放品种选择、水稻直播、稻田干湿交替灌溉、施用CH_4抑制剂以及保护性耕作等关键技术的集成应用，在保持水稻产量不降低的情况下，可以减少稻田CH_4排放，效果十分明显。在养分管理方面，印度等国鼓励施用有机肥和秸秆还田；根据农田类型采用不同种类的化肥，如在旱地施用硝酸态肥料，在水田施用铵态肥料，在提高肥料利用效率的同时减少温室气体排放。优化种植结构是增加农田生态系统弹性，提高农业生产效率的手段之一。在越南北部，玉米是农民普遍种植的作物，但受气候变化影响，导致农田土壤肥力下降、种植效益滑坡，在联合国粮农组织的支持下，越南开始采用种植咖啡和茶叶替代玉米，这一方式不仅提升了种植业的经济效益，而且达到了控制水土流失的效果。在缅甸，农民为了解决燃料问题，采用粮食作物与鸽豆间作种植，利用鸽豆秸秆作为生活用燃料，减少了对森林的砍伐。而在亚洲发达国家和地区，如日本，人均土地资源有限，更注重于保护耕地，往往通过采用休耕的方式来改善农田生态环境、增加物种多样性。

（5）非洲。 农业是非洲撒哈拉以南大部分国家的经济基础，60%的劳动力以农业为生，农业对国家生产总值的贡献平均在30%左右，撒哈拉以南是世界上贫困人口最多的地区之一。然而，2000年至今，该地区的农业增长率呈下降趋势，粮食安全一直令人担忧。粮食安全、贫困和气候变化是密切关联的，如果没有气候适应与强有力的减排措施以及相应的资金支持，消除贫困和保证粮食安全的目标是不可能实现的。在这一情况下，联合国粮农组织、世界银行等机构对非洲气候智慧型农业给予了大量的技术与资金支持。2012年联合国粮农组织和欧盟委员会宣布通过了总额为530万欧元的项目，帮助马拉维、赞比亚等国实现向气候智慧型农业的转型，世界银行在2016财年发布了《非洲气候商业计划》，批准1.11亿美元用于发展尼日尔气候智慧型农业项目，该项目将直接惠及约50万农民和农牧民。此外，非洲国家联盟也成立了非洲气候智慧型农业联盟（Africa CSA Alliance），该联盟致力于帮助非洲撒哈拉以南地区国家的600万农户实行气候智慧型农业，以提高农业生产效率，增强农业应对气候变化的弹性与适应性。目前该联盟已经在多个国家开展了农田养分管理优化、畜牧业减排增效以及气候指数保险等方面的研究与应用，取得了很大的成效。如在养分管理方面，津巴布韦对传统的作物生产进行改进，一是施用有机肥，增加土壤应对气候变化的缓冲性；二是采用抗旱的玉米、小米和鹰嘴豆品种；三是依据降雨情况，适时播种。通过以上措施的应用，三种作物的产量比过去几乎增加了一倍。坦桑尼亚在联合国粮农组织的帮助下，对传统咖啡园进行了改造，采取了改种有机认证咖啡、间作经济作物香草、在灌溉水渠中养鱼等方法，这一系列措施的实行，不但大幅度提高了农户的经济收益，而且增强了农田抵御干旱气候的能力。在草地管理方面，一是采用轮牧、减少单位面积放牧数量等方法来保护草地资源、降低温室气体排放；二是通过种植高产、抗旱、深根系的牧草来增加饲料。这些方法在肯尼亚、埃塞俄比亚等国得到了广泛应用。在畜牧业管理方面，肯尼亚推行的家禽-水产养殖复合系统是养分循环利用的一个范例，在该系统内，禽类排放的粪便可作为鱼类的食物投入养鱼塘，而不再添加其他鱼饲料，这一系统与传统的水产养殖相比，可显著提高鱼类产量，同时也增加了肉蛋产量，提高了农户收益。在畜牧业保险体系方面，国际畜牧业研究所在肯尼亚尝试了基于指数的畜牧业保险体系，即通过卫星监测草地覆盖度情况来调整放牧的时间和地点，以降低过度放牧造成的草地退化风险。

（6）大洋洲。澳大利亚是大洋洲农牧业规模最大、经济产值最高的国家。澳大利亚政府一直将农牧业经济的可持续发展放在重要位置上，给予高度重视。该国在发展气候智慧型农业方面主要通过农田与草地的耕作与种植模式的优化来提高土壤固碳、减少温室气体排放，采取的主要措施包括：将多余农地转换为自然生态系统，提升碳储量；在农地上栽种生物质能源替代部分石化能源，采用作物轮作及改良施肥等措施降低碳排放量及提升碳储量；在减少 N_2O 的排放上，通过精确定位施肥，即在作物吸收之前并且氮肥流失量最小的时候对作物施肥，提高氮肥利用率；通过免耕套种不同类型草种保持草地长时间覆盖（100％时间覆盖）和全面覆盖（100％地面覆盖），实现一年循环生长，减少土地裸露，防止水土流失、增加土壤固碳。

纵观当前各国气候智慧型农业发展的现状，存在以下几个特点：一是制定了详细的气候智慧型农业发展目标与实施计划，无论发达国家和地区如美国、欧盟，还是发展中国家如巴西、埃塞俄比亚等国，均提出了符合国家发展水平的实际目标，并且发布了详细的重点领域支持指南，为实现向气候智慧型农业转型提供帮助；二是注重新材料、新技术与新方法在气候智慧型农业实践中的整合与应用，当前农业科学研究在固碳减排新材料（如硝化抑制剂、减排饲料添加剂）、新技术（如耕作技术、农业模型、遥感技术）与新方法（如生命周期分析方法、信息管理系统）等方面取得的新成果为实施气候智慧型农业提供了必要的支撑；三是长期稳定的项目资金投入，气候智慧型农业是一种新型农业发展模式，目前多数国家都启动了一批项目，提供了稳定的资金，用于长期支持气候智慧型农业的研究与应用；四是全球化的合作方式，实现农业生产的可持续发展需要世界各国的共同努力，而联合国粮农组织、世界银行及美国、欧盟等发达国家和地区与组织在技术和资金方面具备优势，近年来通过各种形式的国际合作为发展中国家气候智慧型农业研究提供了具体的支持与帮助。

三、中国气候智慧型农业发展的基本情况

长期以来，中国农业的首要目的就是保证粮食安全，作为世界人口最多的国家，中国以不足世界10％的耕地生产出占世界近25％的粮食，养活了占世界22％以上的人口，中国对世界粮食安全的贡献有目共睹。但在取得丰硕成果的同时，也不难看出中国农业的发展在很大程度上是以牺牲资源和生态环境为代价的，发展的同时也带来了自然资源短缺，生态环境问题加重，农业生产效益低下等问题。"十二五"期间，中国在农业应对气候变化方面，通过强化农业生产抗灾减灾、加大草原保护与恢复、推动农村沼气转型升级、开展秸秆综合利用、推广省柴节煤炉灶炕、开发农村太阳能和微水电、实施化肥农药使用量零增长行动、实施保护性耕作、开展渔业节能减排技术试验示范等适应气候变化和减少温室气体排放。

1. 政策制定 中国作为农业大国，农业生产中温室气体排放和粮食安全等问题已经引起了各级政府部门的高度重视。近年来，围绕农业固碳减排和应对气候变化，开展了一系列的政策、技术研究和示范推广工作，并取得初步成效。在政策方面，2013 年，国家发改委联合财政部、农业部等八大部委共同发布了《国家适应气候变化战略》，战略中明确了农业适应气候变化的努力方向，一是加强农业监测预警和防灾减灾措施，二是提高种植业适应能力，三是引导畜禽和水产养殖业合理发展，四是加强农业发展保障力度。2014 年，国家发展改革委印发国家应对气候变化规划（2014—2020 年），对农业控制温室气体排放和适应气候变化提供了思路。2016 年，国务院印发了《"十三五"控制温室气体排放工作方案》，方案中明确提出，要发展低碳农业和增加生态系统碳汇。另外，在政策与制度创新方面，我国开始探索性地进行有关技术补贴、激励机制和政策引导等试点示范工作。农业部专门制定《农业应对气候变化行动方案》，指明农业适应和减缓气候变化的相关优先行动。

2. 技术创新 中国农业减排单项技术已经相对比较成熟。种植业中，化肥减量方面，如氮肥运筹优化技术、种植制度优化技术、缓控释新型肥料技术、土壤改良技术等，在粮食主产区已开展推广工作，并在部分区域取得显著的效果；农药减量方面，研究发展的趋向已由化学农药防治转向非化学防治或低污染的化学防治；在改善灌溉方式上，如推行交替灌溉、间歇性灌溉、晒田、即时灌溉等；农田固碳方面，积极示范应用秸秆还田、保护性耕作、有机肥增施与地力提升等技术。畜牧业中，在减少动物肠道发酵 CH_4 排放方面，推广秸秆青贮、氨化，合理调配日粮精粗比，使用营养添加剂等；在减少粪便处理中的温室气体排放方面，创新利用沼气工程回收、覆盖露天贮存、粪便堆肥处理等技术。同时，通过提高动物生产性能和改善畜舍结构减少温室气体排放。水产养殖中，利用立体种养、养殖环境改善、高效增氧、人工免疫、在线监测、工厂化养殖等技术和模式，实现水产养殖节能减排。

2014 年，由农业部与世界银行共同实施、全球环境基金资助的"气候智慧型主要粮食作物生产项目"在北京启动，通过引进国际气候智慧型农业理念和技术，重点开展减排固碳的关键技术集成与示范，通过建立高产高效低排放的农业生产新模式，提高化肥、农药、灌溉水等投入品的利用效率，增加农田土壤碳储量，减少作物系统碳排放，这是我国农业领域第一个真正意义上的气候智慧型概念项目，是此领域的排头兵，高质量的实施和总结相关项目经验，对于我国气候智慧型农业的发展有着重要作用。

总的说来，我国气候智慧型农业仍处于探索阶段，在政策体系、制度建设、激励机制以及适应、减排、丰产综合模式建立等多方面还有待进一步加强。同时，气候智慧型农业涉及多学科领域，相关研究有待深入开展，技术支撑体系建设仍需进一步完善。

四、国际气候智慧型农业对我国农业发展的启示

现阶段中国农业为重要转型期，也是农业可持续发展的机遇期，在气候变化成为世界重要议题的背景下，如何布局长远，强调节能减排、适应和减缓气候变化，探索中国气候智慧型农业发展道路，对于保障我国粮食安全、实现农民脱贫以及气候变化履约目标有着重要的现实意义。

1. 建立健全全国气候智慧型农业政策制度 全国性的气候智慧型农业政策总结起来需要包括以下 4 个因素。一是特定背景下的基线评估，包括评估气候变化对农业特定领域功能的影响及其脆弱性，现有农业制度与实施气候智慧型农业的成本与收益，实施气候智慧型农业的障碍（法律体系和相关政策等），现行有利于气候智慧型农业实施的行动（土地"三权"分置等）。二是强有力的多方利益机构。建立固定平台，用于政治决策者、国内参与者、国际合作伙伴等分析相关风险，讨论政策优先性，以保证气候智慧型农业的有效推行。其中透明、可信的信息分析是多方利益机构的重要作用之一。三是协调框架。适应、减缓气候变化和保障粮食安全需要政府、生产者、企业和国际合作伙伴的参与。中央政府可以建立政策框架协调公共和私营部分的关系，有效推行气候智慧型农业，如市场激励机制，融资机制，技术援助等。同时，框架也要明确协调农业、林业和土地使用的关系，以避免不同部门之间的冲突。四是多尺度的信息系统。气候智慧型农业增加农业生产力，减少温室气体排目标的实现对于评估风险、脆弱性及特定背景策略要求很高。为了达到气候智慧型农业收益，国家需要多尺度的信息，包括研究与开发、咨询服务、信息技术及监测和评估。气候智慧型农业相关项目改进的技术和方法的产出需作记录和报告，便于激励后来参与者及其对相关技术和方法进行检验。信息系统同样也需要气候智慧型农业各方面的成本和收益，以便于相关政策的建立和完善。

2. 建立中国气候智慧型农业技术和理论体系及市场推广机制

（1）建立中国气候智慧型农业技术和理论体系。 虽然"气候智慧型农业"的概念提出时间并不长，但许多国家早已尝试和应用具体的减排固碳模式来应对气候变化，如澳大利亚的高效减排模式、美国的休耕固碳模式、加拿大的轮作模式和欧盟的系统性应对模式等。目前，我国也有许多低碳农业发展模式，例如生态农业、有机农业，绿色农业，将这些农业发展模式按照气候类型及农业结构，梳理成不同区域应对气候变化的具体技术模式，综合形成中国气候智慧型农业技术体系。以稻作模式为例，在我国主要稻作区已初步形成了以秸秆覆盖全量还田、土壤条带旋耕、机械化旱直播、化肥定位深施、厢沟配套的浸润灌溉和病虫草害综合防治为关键技术的耕作栽培技术体系，这种集"保护性耕作、浸润灌溉、精确施肥"于一体的稻作新模式显著减低了

稻田的温室气体排放。同时，对应相应技术模式，建立中国气候智慧型农业监测方法学和标准，构建中国气候智慧型农业理论体系。

（2）建立气候智慧型农业试点示范区。有针对性的借鉴国内外气候智慧型农业先进经验，整合丰产减排相关的技术模式，包括对平常气候和极端气候下的应对措施，建立适应不同气候区域类型的气候智慧型农业试点并在相应地区示范和推广。在全国和区域尺度，坚持因地制宜，根据不同地区的自然经济状况，包括水土资源状况、自然和气候条件、农业生产经营方式、经济发展水平等，科学确定农业配置、发展方向及发展模式，建立气候智慧型农业体系，包括建立农业气象灾害监测预警和调控服务体系、完善气象防灾减灾预警系统、农业病虫害发生的气象条件预测和防治、集成气候智慧型技术和模式和发展农业气象灾害保险制度等。依靠大户或者合作社，以农场为基础，建立气候智慧型农业试点示范区，根据当地条件，选育高产、养分高效利用、抗逆性强的优质种子；选育低排放、优质的畜禽品种；使用节水、农药化肥减量提效技术，综合利用农田废弃物（秸秆、农膜、畜禽粪便等），因地制宜发展适应各地区的特色技术模式和产业。

（3）建立基于绿色价值链和私营部门的市场推广方法。依靠政府力量，在前期改善气候智慧型农业基础设施和装备条件，建立气候智慧型组织构架和协作机制；依靠市场机制，完善利益联结机制，推动气候智慧型农业相关产业发展，实现自主参与性和可持续性的气候智慧型农业，例如：培育气候智慧型农业的碳交易市场机制，探索农业智慧型农业投资与公私合作（public-private partnership，简称PPP）模式。农业碳交易尚处于起步阶段，是国际碳交易领域的一个薄弱环节。目前巴西、墨西哥、菲律宾和印度的农业碳交易项目数量较多，可以考虑有针对性地联合开展农业碳交易项目合作，总结经验教训，为气候智慧型农业的市场发展机制提供有益借鉴。在PPP模式方面，发达国家和国际组织由于其社会发展历程和国际项目资源已经积累了不少经验，例如英国从20世纪80年代开始尝试PPP模式，在几乎所有公共服务领域予以推广，建议充分利用其智力资源和项目经验，有针对性地联合开展气候智慧型农业调研，专题研讨，实地考察，案例分析等，总结经验教训，提供有益借鉴，并请有关发达国家和国际组织提供必要的技术支持，开展气候智慧型农业项目设计和评估论证专题培训，帮助编制项目实施方案，为我国农业领域推广气候智慧型农业积累经验。

五、中国气候智慧型主粮作物生产项目概况

1. 项目背景 随着国际社会对气候变化、温室气体减排和粮食安全的日趋重视，农田土壤固碳减排技术研究得到了科学界的空前关注。中国以占世界9%的耕地养活了占世界22%的人口。在农业生产中普遍采用的过度依赖增加各种农业投入品的发

展模式已难以应对中国所面临的人口增加、耕地和水资源不足、水土流失、自然灾害、环境污染和气候变化等多方面挑战，而且这种生产模式显然是不可持续的。小麦、水稻、玉米是我国的三种主要粮食作物，其总产量占中国粮食产量的85%以上。我国华北、东北和华东等粮食主产区承担着保障粮食安全的重任，粮食作物播种面积和粮食产量分别占全国粮食作物总面积和总产量的63%和67%。同时，粮食主产区也面临着有机碳损失严重、固碳迫切以及氮肥施用量大、温室气体节能减排潜力巨大的现实需求。因此，推广应用粮食主产区保障粮食产量前提下的节能与固碳技术，并进行示范与减排效果评价，不仅可以提高土壤肥力和生产力、减缓土壤温室气体的排放，也是我国保持农业可持续发展的战略选择。

为解决中国农业生产中普遍存在的高投入、低利用率问题，更好地借鉴国际经验，广泛开展国际合作，中国政府农业农村部（MARA，项目执行方）通过世界银行（WB，GEF国际实施单位）向全球环境基金（GEF）申请了"气候智慧型主要粮食作物生产项目"（WB Pro No.144531/GEF Pro No.5121）（以下简称"项目"）。本项目由农业农村部组织实施，"项目"选择中国有代表性的两个粮食主产区——河南省和安徽省，针对三大作物（小麦、玉米、水稻）和两类典型种植模式（小麦-玉米两熟和小麦-水稻两熟），开展作物生产减排增碳的关键技术集成与示范、配套政策的创新与应用、公众知识的拓展与提升等活动，提高化肥、农药、灌溉水等投入品的利用效率和农机作业效率，减少作物系统碳排放，增加农田土壤碳储量。通过技术示范与应用、政策创新以及新知识普及，建立气候智慧型作物生产体系，增强项目区作物生产对气候变化的适应能力，推动中国农业生产的节能减排，为世界作物生产应对气候变化提供成功经验和典范。

"项目"包括以下三个部分：①气候智慧型农业示范；②政策创新和知识管理；③项目管理。其中②部分（政策创新和知识管理）：将重点围绕通过提高生产力和收入确保粮食安全、适应气候变化以及促进减缓气候变化的总体目标。通过政策和制度优化设计、集成相关部门资源优势，探索建立协调粮食增产与农民增收、固碳减排与适应能力提升的政策措施与技术途径。宣传推广气候智慧型农业技术及理念，交流分享气候智慧型农业项目经验，探索学习国内外气候智慧农业知识。

2. 气候智慧型农业项目实施主要内容 "项目"围绕水稻、小麦、玉米三大作物，在中国粮食主产区安徽省和河南省建立示范区，开展作物生产减排增碳的关键技术集成与示范、配套政策的创新与应用、公众知识的拓展与提升等活动，以提高化肥、农药、灌溉水等投入品的利用效率和农机作业效率，减少作物系统碳排放，增加农田土壤碳储量。通过新技术示范、政策创新和公众意识提高，建立气候智慧型作物生产体系，增强项目区作物生产对气候变化的适应能力，推动中国农业生产的节能减排行动，为世界作物生产应对气候变化提供成功经验和技术典范。

"项目"在安徽省怀远县和河南省叶县建立气候智慧型主要粮食作物生产示范县，气候智慧型生产模式示范面积6 661hm²，在项目实施第五年达到示范面积共 6.7 万hm²，示范区单位面积氮肥用量减少 15%～20%，农田灌溉和耕作能耗减少 10%～15%，单位产量碳排放减少 20%～30%。通过提高秸秆还田率和应用保护性耕作技术，土壤有机碳含量提高 10%～15%，农田碳汇增加 1.0 万～1.4 万 t。

六、促进中国气候智慧型农业发展的建议

中国是一个农业大国，粮食与肉类总产量均排在世界首位，为保障全球食物安全做出了重大贡献。当前，我国农业也面临着土壤有机碳损失严重、自然资源过度消耗、温室气体排放量高等现实问题。因此，开展气候智慧型农业生产实践，在提高农业生产效率的前提下推广固碳减排技术，增强农业对气候变化的适应能力，是我国保持农业可持续发展和建设生态文明社会的战略选择。近年来，围绕农业固碳减排和应对气候变化，我国已经开展了一系列的政策、技术研究和示范推广工作，并取得初步成效，但与国外气候智慧型农业的迅速发展相比，仍存在诸多不足。因此，借鉴国外先进经验，可为加速我国气候智慧型农业发展提供帮助。

1. **尽快出台气候智慧型农业发展规划与配套激励政策措施**　借鉴国外气候智慧型农业发展的政策体系，结合我国的农业生产现状与社会经济发展水平，尽快出台国家层面的气候智慧型农业发展战略，明确固碳减排的总体目标，提出气候智慧型农业的优先发展领域，制定切实可行的实施进度安排。在配套政策上，建立合理的激励与考核体系，对坚持以气候智慧型农业理念发展的农户与涉农企业给予资金补助与优惠政策扶持。

2. **确保国家对气候智慧型农业技术研发与模式集成稳定持续的经费支持**　国家应强化多部门和多学科合作，加大对气候智慧型农业新材料、新技术与方法的科研投入，加强理论与技术研发，加快节能减排模式的集成与应用。建立国家级的长期定位试验联网试验平台，形成统一的数据监测指标体系、测定方法规程以及数据整理规范，健全数据汇总与发布机制，为国内外研究机构开展相关研究提供支撑。

3. **因地制宜选择气候智慧型农业发展模式**　我国幅员广阔、区域资源禀赋条件不同，气候智慧型农业发展模式应依据区域农业发展情况与存在问题进行合理规划，以增强适应能力为首、固碳减排为支撑，实现粮食安全、农民生计改善、气候变化减缓的多赢。如在我国东北地区应以增强农田固碳潜力、提升农田应对气候变化的弹性与适应性为主；在水稻主产区应以稻田温室气体减排为首要目标；在西北等生态脆弱地区应以提高水肥资源利用效率、保持农田生物多样性为主；在牧区应以加强草原生态建设、提升畜产品生产效率为重点。

4. 加强气候智慧型农业的国际合作与交流 当今世界面临着气候变化与粮食安全等全球性挑战与风险，迫切需要各国携手合作，共同应对。近年来，我国虽然在农业固碳减排上取得较大成就，但依然存在很大的减排空间，我们应继续加强国际交流合作，学习其他国家包括发达国家和发展中国家的经验，为我们应对全球气候变化提供借鉴。在政府层面本着"互利共赢、务实有效"和"共同但有差别责任"的原则积极参加和推动与各国政府、国际机构的务实合作，积极开展与联合国粮农组织、全球环境基金会、世界银行等机构的合作；推进同美国、欧盟、澳大利亚等国的政策与技术经验交流，通过协同攻关，推动农业科技进步，分享气候智慧型农业成果。

第二章
气候智慧型小麦-水稻生产实践

一、中国小麦-水稻生产的重要性

水稻和小麦是我国最重要的口粮作物，小麦-水稻一年两熟种植模式是我国重要的种植模式之一，全国约有 500 万 hm²，主要分布在长江流域以及江淮平原，包括江苏、安徽、湖北、四川、湖南等地区。该区域稻谷产量占全国 30% 以上，冬小麦产量约占全国的 1/5，对保障我国粮食安全具有重要作用。受气候变暖影响，我国水稻-小麦两熟区作物生长季的气温呈非对称性升高，严重影响作物生育期及茬口衔接；作物生长季降雨强度和频率愈加异常，致使小麦播种期土壤适耕性变差，渍害日益严重；同时稻田甲烷排放高、肥水投入量大，资源利用效率低等问题依旧突出，亟须从水稻-小麦周年生产角度开展秸秆全量还田、轮耕、种植方式及水、肥管理等技术创新，将水稻增产、资源增效、环境友好相协同，以增强作物系统应对气候变暖的能力，实现稻作系统稳定可持续发展。

二、气候智慧型麦茬水稻生产技术

（一）麦茬水稻精准栽培技术

1. **激光土地平整** 稻田整地的原则一般要做到田平（田表整洁无杂草、残茬）、泥熟（上烂下实不拥泥）、水浅（寸水不露墩，寸水棵棵到）。秸秆还田情况下，更要强调提高整地质量，机插稻要求全田高低差不超过 3cm，表土上烂下实。土地精细平整是发展节水农业、提高农田土壤质量和水稻产量的基础。常规机械平地方法一般由推土机、铲运机和刮平机组成，但由于受平地设备自身缺陷和人工操作精度较低等因素制约，平整精度只能达到一定水平。基于激光控制技术、全球定位系统（GPS）和地理信息系统（GIS）以及先进机械制造技术等构建的激光控制农田土地精细平整技术的推广应用，可明显改善田面微地形条件，大幅度提高地面灌溉条件下的灌溉效率与灌水均匀度，获得显著的节水、增产、省工、提高土地利用率等效果（图 2-1）。

图 2-1　激光平地作业现场

激光平地设备系统由激光发射器、激光接收器、控制箱、液压机构、刮土铲等组成。激光平地设计主要包括：

①确定相对高程。运用水准仪对平整农田的地形进行测量，将网格间距确定在 5～10m，测量到该农田各点处的相对高程。

②建立激光源。首先，放置激光发射器，要确保激光束平面高于欲平农田内任何物体，以便平地机具上激光接收器有效接收控制激光束。其次，激光发射器的安放位置要根据农田面积大小来确定，一般场地跨度超过 300m，则要将激光器放置于场地中间；否则，则放于场地周边。

③确定平地机具平地基准。平地机具刀口落地后，调整激光接收器高度，当接收器中心控制点与激光控制平面同位时，此点即为此次作业的平地基准。

④平地作业。在平地作业时，要做到有的放矢，平地机具运行要有规律，尽量减少空载。可以从地块边沿四周向里平整或采用对角线等方式平整，以减少油耗，降低成本，提高工效。若地块高差很大，可先采用粗激光平地机（每次可挖深 10～20cm，带 2 个铲挖运斗）先平一遍，再用精激光平地机平整。

2.品种选用

(1) 麦茬稻品种选择基本要求。选用通过国家或安徽省品种审定委员会审定，种子质量符合国家标准的品种（表 2-1）。麦茬稻全生育期 135～150d，要求株型紧凑，根系发达，生物量适中、收获系数较高，中抗白叶枯病、纹枯病、稻瘟病、稻曲病以上，感光性较强、分蘖中等、抗倒性较强、穗型较大的高产优质中熟或迟熟水稻品种。

表 2-1 供选审定水稻品种

序号	品种	序号	品种
1	徽两优 6 号（审定编号：国审稻 2012019）	7	武运粳 27 号（审定编号：苏审稻 201209）
2	两优 688（审定编号：国审稻 2010010）	8	南粳 9108（审定编号：苏审稻 201209）
3	C 两优华占（审定编号：国审稻 2015022）	9	旱优 73（审定编号：皖稻 2014024）
4	隆两优华占（审定编号：国审稻 20170008）	10	绿旱 1 号（审定编号：国审稻 2005053）
5	晶两优华占（审定编号：国审稻 20176071）	11	皖垦糯 1 号（审定编号：皖稻 2010025）
6	深两优 5814（审定编号：国审稻 2009016）	12	皖稻 68（审定编号：皖品审 03010384）

（2）最佳抽穗结实和播栽期的安排。最佳抽穗结实期的确定：抽穗–成熟期的群体光合生产力决定了水稻的产量，因此，必须把抽穗结实期安排在最佳的气候条件下，称为最佳抽穗结实期。温度是水稻最佳抽穗结实期最重要的生态条件，粳稻抽穗期最适温度为 25～32℃，25℃左右时结实率最高；籼稻最适温度为 25～30℃，27℃左右时结实率最高。若连续 3d 日平均气温≤20℃（粳稻）或 2、3d≤22℃（籼稻），易造成低温冷害，增加空瘪粒；若连续 3d 最高气温超过 35℃（杂交稻 32℃以上），结实率也会下降。根据李成荃的总结，安徽省粳稻抽穗要求日平均气温稳定在 20℃以上，籼稻为 23℃以上。另外，灌浆期要求日平均气温 21～28℃，其中日均温 21℃左右时千粒重最高，以及较大的昼夜温差和充足的日照。最高气温超过 35℃并伴有平均相对湿度≤70％的低温条件易产生高温逼熟，温度在 13℃以下灌浆很慢甚至停止灌浆（表 2-2）。

此外，大气湿度对水稻抽穗结实最适温度具有显著影响。在大气湿度高达 80％以上的我国南方湿润稻区，抽穗结实期遇上气温 35℃以上的高温天气，空瘪粒大量增加；但在大气湿度低（50％以下）的地区，虽遇上 38℃以上的高温天气，仍有很高的结实率。这是由于很低的大气湿度，使蒸腾量增大，带走了大量热能，显著降低了稻株的体温，保证了光合生产和各项生理活动的正常进行（表 2-3）。

表 2-2 安徽省不同稻区水稻安全齐穗时间

水稻品种类型	主要稻区				
	长江沿岸双、单季稻兼作区	江淮之间丘陵单、双季稻区	淮河沿岸及淮北平原单季稻作区	大别山地单、双季稻作区	皖南上地双、单季稻作区
20℃（粳稻）	9 月 24～28 日	9 月 24～28 日	9 月 22～26 日	9 月 18～24 日	9 月 22～26 日
23℃（籼稻）	9 月 18～21 日	9 月 18～21 日	9 月 16～18 日	9 月 14～20 日	9 月 16～18 日

数据来源：李成荃等，2008.

安徽单季中稻适宜播种期确定：对于一季稻，在温度条件满足的前提下，应根据前后茬的关系及自然灾害的特点来确定适宜的播种期。大苗人工栽插和钵苗机插，宜在小麦成熟收割前 20d 左右播种育秧，控制移栽秧龄 25～30d；毯苗机插的宜在小麦收割前 10～15d 播种育秧，控制移栽秧龄 18～25d；直播种植，要尽量抢早播种，中熟、早熟、特早熟品种要分别控制在 6 月 15 日前、6 月 22 日前和 6 月 28 日前播种。

表 2-3　不同类型水稻各个生育期的最适合临界温度

水稻类型	温度	生育时期（℃）		
		育秧期	分蘖期	拔节抽穗期
籼稻	适宜温度范围	25～30	25～30	25～30
	限制温度	≥12	≥17	≥15～17，≤33～35
粳稻	适宜温度范围	25～30	25～30	25～30
	限制温度	≥10	≥15	≥15～17，≤33～35

3. 机械播栽　目前水稻育秧移栽方式主要为毯苗机插、钵苗摆栽和人工手插。受劳动力限制，人工手插方式目前逐渐被机械移栽方式取代。

(1) 机插壮秧培育技术。水稻机械移栽体系中，育秧是其中的关键环节，"七分育秧三分栽插"，秧苗素质的好坏直接影响插秧机的作业质量和品种产量潜力的发挥。当前，机插壮秧培育技术主要包括基于营养土（基质）的传统的毯苗（钵苗）硬盘旱育秧，以及以无土栽培技术（营养液）为核心水卷苗育秧。

①毯苗（钵苗）硬盘旱育秧。毯苗硬盘旱育秧的基本流程包括：种子处理、营养土准备、秧床制作、秧盘准备、播种盖土、铺盘、覆膜、炼苗、秧田管理。其核心技术如下：

A. 秧田选择与秧床制作。选择土肥、土质疏松、排灌方便、呈弱酸性的秧田。播种前翻耕平整，半个月前进行床土培肥，每亩施复合肥 100kg，秧板宽度 1.6m，开沟（图 2-2）。

图 2-2　秧床制作

B. 秧盘准备。钵苗育秧选用型号为 D448P 塑盘，规格：长 61.8cm×宽 31.5cm×高 2.5cm，每盘 448 孔，孔径 1.6cm，每亩大田按 35～40 张备足（常规稻 40 张，杂交稻 35 张）。

毯苗硬盘育秧采用标准硬盘，规格：长 58.0cm×宽 28.0cm×高 2.2cm，每亩（约 667 平方米）大田按 20～25 张备足（常规稻 25 张，杂交稻 20 张）。

C. 播种量。采用装土和播种一体机进行流水线播种（图 2-3），秧盘（盘钵）内营养底土厚度稳定在 2/3（孔）深，盖表土厚度不超过盘面，以不见芽谷为宜。钵苗育秧下，常规稻每孔播种 4～6 粒，折合 1 亩用种量为 3.0 kg；杂交稻每孔播种 2、3 粒，折合大田 1 亩用种量为 1.5 kg。毯苗育秧下，常规稻每盘播干谷 100～120 g（湿芽谷 130～150g），折合大田 1 亩用种量为 2.5 kg；杂交稻品种每盘播干谷 70～80 g（湿芽谷 90～100g），折合大田用种量 1.5 kg 左右，要求盘中种子分布均匀一致。

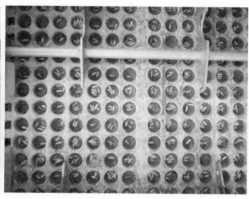

图 2-3　流水线匀播

D. 暗化、铺盘、封膜。严密暗化处理保全苗、齐苗。铺盘时两盘并列对放，之间紧密无空隙，盘底紧贴苗床，盖农膜，四周封严封实。封膜后加盖一层薄稻草（预防晴天中午高温灼伤幼苗），遮阳降温，确保膜内温度控制在 30～35℃，封膜盖草好后灌一次透水，保证秧盘土壤湿润至出齐苗。播后 3、4d，齐苗后晴天在傍晚，阴雨天在上午 8～9 时揭膜炼苗（图 2-4）。

E. 秧田管理。水管：苗期管理坚持旱控育秧，采用育秧大棚防雨水。1～3 叶期晴天早晨叶尖露水少要及时补水；3 叶期后秧苗发生卷叶于当天傍晚补水；4 叶期后注意控水，以促盘根；移栽前 1d 适度浇好起秧水。化控：2 叶期每百张秧盘可用 15% 多效唑粉剂 4g，兑水均匀喷施。

②无土育秧-水卷苗育秧。水卷苗育秧技术是针对目前农村劳动力转移、育秧取土难、秧苗素质差以及育秧过程和所育秧苗难以与当前先进机械相配套的一种

图 2-4　暗化、摆盘与揭膜炼苗

图 2-5　秧苗长势

新型、有效的水稻育秧技术。该技术完全摒弃了传统育秧方法所采用的营养土（新型基质），以无纺布为育秧介质、采用水培的方式进行秧苗培育，所培育的秧卷长度可达 3～6m，并且可以卷起成秧苗卷，而重量仅为常规营养土育秧的 1/5，实现了育秧轻简化，省工节本高效，同时能够促进水稻育秧向工厂化、集约化方向发展（图 2-5）。

　　水卷苗育秧工艺流程包括：平装秧床、填充底料、铺介质膜、均匀播种、遮光催芽、营养水培。其核心技术，包括育秧装置、育秧介质、营养液配方、育秧方法等，及影响壮秧培育的关键因子（播量、移栽秧龄、营养液管理等）均已研发、量化（图 2-6）。

图 2-6　水卷苗工艺流程

（2）壮秧标准形态。

①叶蘖同伸。秧田期保持叶蘖高度同伸是最能反映秧苗健壮度（移栽后发根力、抗植伤力和分蘖力）的形态生理指标，可作为 4 叶龄以上壮秧的共同诊断指标。秧田期的叶蘖同伸一旦停止，是苗体开始弱化的信号，应及时移栽。

②移栽时秧苗应保持 4 片以上绿叶（3 叶小苗除外）。

③叶色正常，移栽时顶 4 叶略深于顶 3 叶或二叶叶色相等。

一般而言，钵苗机插的壮秧标准为：秧龄 30d 左右，叶龄 5.5 叶左右，苗高 13～15cm，基茎粗 0.35～0.40cm，单株绿叶数 4.5～5.0 叶，单株白根数 12～15 条，单株发根力 5～10 条，单株带蘖 0.5 个左右，百株干重 7.5g 左右，叶色 4.0～5.0 级，无病斑虫迹。

毯苗机插（水卷苗育秧）的壮秧标准为：秧培育秧龄 16～18d，苗高 15～18cm，叶龄 3.5 叶左右，根系发达，盘根力强，盘根厚度 2～2.5cm。

4.机械精确栽插技术　"精确栽插"指精确定量机械栽插，建立大田高质量的群体起点，包括基本苗数的精确计算、栽插深度的调节以及提高栽插质量的其他配套措施。

（1）精准确定大田基本苗。

①合理基本苗的计算。基本苗是群体起点，确定合理基本苗数是建立高光效群体的一个极为重要的环节。确定合理基本苗的指导思想是走"小、壮、高"的栽培途

径，用较少的基本苗数，通过充分发展壮大个体构建合理群体，尽可能多地利用分蘖去完成群体适宜穗数，提高成穗率和攻取大穗，以提高群体的总颖花量和后期高光合生产积累能力，获得高产。

根据凌启鸿先生建立的基本苗计算公式：

$$合理基本苗（X）＝适宜穗数（Y）÷单株穗数（ES）$$
$$ES＝1＋A×r（分蘖苗成穗数）$$

式中 A 为主茎本田期有效分蘖叶位理论分蘖数，由有效分蘖叶龄数［$N-n-SN$（移栽叶龄）$-bn$（缺位叶龄）$-a$（等穗期校正系数）］确定；r 为分蘖发生率，$A×r$ 为分蘖苗成穗数。通过不同水稻品种类型、栽插苗数、移栽时期和栽植方式下，水稻有效分蘖叶龄数相关参数的研究和验证，理论上可实现水稻单株穗数和合理基本苗的定量。

例如，采用总叶龄（N）为 16.6，伸长节间（n）为 6 的超级稻宁粳 3 号，在移栽叶龄（SN）为 3.9 时进行机插，5 苗每穴。测定其分蘖缺位叶龄（bn）为 1.5，够苗期提前 2.8，故等穗期校正系数 a 为 2.8，分蘖发生率（r）为 75%，其有效分蘖叶龄数 $E=16.6-6-3.9-1.5-2.8=2.4$，实际分蘖成苗数（$A×r$）2.4×0.75%=1.8。单株的成穗数为 1+1.8=2.8。每亩合理基本苗数 ＝（20 万～24 万）/2.8≈7.1 万～ 8.6 万（表 2-4）。

关于钵苗摆栽下，由于带土移栽一般没有缓苗期（$bn=0$），有效分蘖发生率（r）很高，一般 80%～90%以上。

表 2-4　基本苗定量参数的验证

品种类型	移栽苗数	移栽叶龄 SN	分蘖缺位叶龄数 bn	有效分蘖临界期 $N-n$	等穗期叶龄	校正系数 a	有效分蘖叶位数 E	理论分蘖数	实际分蘖数	分蘖发生率 r
常规粳稻	1	3.9	1.5	10.6	11.0	−0.4	5.6	10.3	11.0	1.07
	3	3.9	1.5	10.6	9.0	1.6	3.6	4.6	3.6	0.79
	5	3.9	1.5	10.6	7.8	2.8	2.4	2.4	1.8	0.75
	7	3.9	1.5	10.6	7.0	3.6	1.6	1.6	1.1	0.69
杂交籼稻	1	3.9	0.5	10	10.0	0.0	5.6	10.3	9.9	0.96
	2	3.9	0.5	10	9.0	1.0	4.6	6.7	5.3	0.79
	3	3.9	0.5	10	9.0	1.0	4.6	6.7	2.9	0.44

资料来源：李刚华等，2012.

②行穴距配置与每穴苗数。扩大行距可以增加群体内的透光率，在分蘖期可以提高水温，促进水稻分蘖；中期可以提高水稻对增施氮素穗肥的同化能力，调节糖氮比，有利于提高分蘖成穗率、促进根系生长，抑制节间伸长、增加茎秆强度，增强颖花分化和发育能力，并减轻纹枯病等病害的发生；抽穗后除了继续发挥中期的各种优

势外，还有延缓中下部叶片和根系的衰老、增加抽穗至成熟期群体光合生产和积累、提高结实率和粒重的作用。因此，在保证适宜基本苗、株距不小于10cm和每穴栽插种子苗不多于一定数量（常规稻4、5苗，杂交稻2、3苗）的条件下，行距应尽可能扩大（30~33cm）。因而，机插秧通常采用宽行窄株距配置，毯苗机插采用30cm×11.7/14cm（分别为常规稻和杂交稻），钵苗摆栽为33cm×12/14/17cm（分别为常规稻、杂交稻和重穗型杂交稻）。

③麦茬水稻品种移栽基本苗。单季大穗型杂交稻和中穗型常规稻高产和超高产栽培的适宜亩有效穗数为16万~20万和20万~24万。因此，对应的合理的播栽群体密度是：A. 人工栽插的，杂交稻行株距30cm×15cm，每穴3~4苗，亩栽插1.5万穴左右，共4.5万~6.0万基本苗；常规稻行株距25cm×16cm，每穴4~5苗，亩栽插1.6万~1.7万穴，共6万~8万基本苗。B. 钵苗机插的，杂交稻的行株距33cm×14cm或宽窄行23~33cm×16cm，每穴2苗，亩栽插1.5万穴左右，共2.8万~3.0万基本苗；常规稻的行株距33cm×12cm，每穴3~4苗，亩栽插1.8万穴左右，共5.4万~6.0万基本苗。C. 毯苗机插的，杂交稻行株距30cm×15cm或25cm×18cm，每穴2~4苗，亩栽插1.5万穴左右，共4万~5万基本苗；常规稻行株距30cm×14cm或25cm×17cm，每穴4~5苗，亩栽插1.5万~1.8万穴，亩基本苗6.0万~8.0万。

(2) 精确控制栽插深度。栽插深度直接影响着机插稻活棵与分蘖。浅插是早发的必要前提，是不增加工本的高效栽培措施。水稻的分蘖节处于离地表2cm左右时，分蘖才能顺利发生，并苗壮成长。分蘖节入土过深（>3cm）时，分蘖节下端的节间会伸长，形成地中茎，将分蘖节送至离地表2cm左右处再进行分蘖；入土过深，甚而会伸长两个以上地中节间。水稻每伸长一个地中茎节间，分蘖便会推迟一个叶龄，就缺少一个一次有效分蘖以及其上能产生的若干有效二次分蘖。因此，深栽的危害极大，机插稻栽插深度调节控制在2.0cm左右有利于高产所需适量穗数和较大穗型的协调形成，为最终群体产量的提高奠定基础。

(3) 提高栽插质量的其他配套措施。①精细整地，沉实土壤。浅水整地，田块做水平，有局部高坎的，人工耙平；同时田埂边耙出一条浅水沟，利于后期排水。为防止壅泥，水田整平后需沉实，沙质土沉实1d左右，壤土沉实1、2d，黏土沉实2、3d，待泥浆沉淀、表土软硬适中、作业不陷机时，保持薄水机插。②高质量栽插。一，调整株距，使栽插密度符合设计的合理密度要求；二，调节秧爪取秧面积，使栽插穴苗数符合计划栽插苗数；三，提高安装链箱质量，放松挂链，船头贴地，使插深合理均一；四，避开高温强光照，选择下午插秧，避免中午前后高温强光照对秧苗的灼伤，缩短缓苗期；五，田间水深要适宜，水层太深，易漂秧、倒秧，水层太浅易导致伤秧、空插，一般水层深度保持1~3cm，利于清洗秧爪，又不漂不倒不空插，可降低漏穴率，保证足够苗数；六，培训机手，熟练操作。行走规范，接行准确，减少漏插，提高均匀度，做到不漂秧、不淤秧、不勾秧、不伤秧。

5. **精确定量水分管理** 水分定量调控技术是定量栽培技术的重要内容，其主要目的是控制无效分蘖提高茎蘖成穗率、全面提高机插水稻群体质量。

（1）水稻移栽期水分管理。移栽插秧时留薄水层，以保证插秧质量，防治水深浮苗缺苑（图 2-7）。

图 2-7 大田移栽现场

（2）水稻返青活棵期水分管理。活棵分蘖期以浅水层（2～3cm）灌溉为主，由于移栽苗龄差异，水层灌溉也有差异。①中、大苗移栽（摆栽）时，移入大田需要水层护理，以满足生理和生态两方面对水分的需要。②机插小苗移栽时，由于秧苗小、根系少，移栽后的 5、6d 一般不建立水层，宜采用湿润灌溉水分管理方式，以创造一个温湿度比较稳定的环境条件，促进新根发生、迅速返青活棵。阴天无水层，晴日薄灌水，1、2d 后落干，再上薄水。直到移栽后长出第 2 片叶为止。③钵苗摆栽时，移栽后阴天可不上水，晴日薄灌水。2、3d 后即可断水落干，促进根系生长。

（3）有效分蘖期水分管理。活棵后，采用浅湿交替的灌溉方式，每次灌 3cm 以下的薄水，待其自然落干后，露田湿润 1、2d，再灌薄水，如此反复进行，以促进根系生长、提早分蘖（图 2-8）。

图 2-8 分蘖期浅湿交替水分管理

（4）水稻无效分蘖期水分管理。无效分蘖期提早搁田，是提高茎蘖成穗率、全面提高机插水稻群体质量的关键措施。中期搁田的意义表现在许多方面：①控制土壤的水分和氮素供应，更新土壤环境，提高土壤氧化还原电位。②调节稻株体内的碳氮比，控制无效分蘖和基部节间的生长，增加抗倒能力。③复水后增加土壤供肥能力和促进稻株的生长等。正确掌握搁田的时期和方法，是搁田成败或能否取得预期效果的关键。

搁田时期：在达到穗数 80%～90%时早脱水，提前搁田时间；拔节前采取分次适度轻搁的方法，减轻搁田程度。

搁田标准：土壤板实，有裂缝，行走不陷脚；稻株叶色落黄，土壤表现白色新根（图 2-9）。

图 2-9　无效分蘖期浅搁水分管理

（5）其他时期水分管理。

①孕穗—抽穗后 15d。水稻孕穗—抽穗后 15d，需水量较大，应建立浅水层，以促颖花分化发育和抽穗扬花。

②抽穗后 15d—灌浆结实期。抽穗后 15d 至灌浆结实期，采取间歇上水，干干湿湿，以利养根保叶，防止青枯早衰。

6. 适时收割　及时收获，有利于稻米的优质高产和提高收割效率。收割过早，灌浆结实不够饱满，出米率低。过迟收割，容易落粒，而且碎米也增多。一般情况下，优质稻谷应在稻谷成熟度达到 90%～95%时，抢晴收获。脱粒、晾晒，使水分下降到安全存储标准（籼稻 13.5%、粳稻 14.0%）后进入原料仓库暂贮。

人工收割时，割稻后必须在田间晒 3、4d，切忌长时间堆垛或在公路上打场，以免污染和品质下降。

（二）沿淮麦茬中粳（糯）稻旱直播水管生产技术

1. 主导品种及产量结构　选用已通过国家或省审定的并在当地生产中大面积应用、全生育期在 145d 内的品种，如皖垦糯 1 号、连糯 1 号、连糯 12、武育糯 16、旱优 73 等。

2. 整地播种　小麦收获后应及时整地播种，一般播期在 6 月 5 日至 6 月 10 日，越早越容易取得高产，但最迟不得迟于 6 月 15 日。

亩播种量在 4～5kg，其他品种根据粒型大小适当增加或降低播量，粒型较大者亩播量可控制在 5.5kg，粒型较小者亩播量可控制在 4kg。

播种前 2、3d，种子用咪鲜胺进行浸种，每 15g 浸稻种 4～6kg，浸种时间掌握在 48h 左右，以防恶苗病和干尖线虫病的发生。

小麦收获后及时进行整地，可用旋耕机灭茬旋整，也可先进行耕翻再旋平耙细，同时要开好墒沟、腰沟、田头沟，做到沟沟相通，灌排自如。

整地后进行机械条播。播种深度 2cm，籽粒盖严，浸种后播种的种子露白时即可进行播种，要足墒播种或播种后立即灌水，保证 3～5d 出苗。

3. 施肥　全季施肥量每亩纯氮 17.5～20kg、五氧化二磷 6～8kg、氧化钾 7～9kg、锌肥 1kg。氮肥的 40%、全部磷肥、钾肥的 50%、全部锌肥作基肥一次性施入。及时追肥，在水稻四叶期，追施总施氮量 15% 的分蘖肥；在拔节后 5～7d 追施总施氮量 35%，50% 的钾肥作拔节孕穗肥；破口前 5～7d，追施 10% 的氮肥作粒肥。

4. 化学除草　播后芽前。用 60% 丁草胺每亩 100mL，或用 30% 丙草胺（即草消特）乳油 100～120mL，或 40% 苄·丙（即直播灵）可湿性粉 45～60g，兑水 30kg 于播后苗前（水稻露芽扎根但未出土）进行喷雾。喷雾一定要均匀，喷药时田间保持湿润，并在施药后保持田间湿润 3d 以上，以后正常管理。

3～5 叶期。对于田间稗草较多的田块，每亩用 50%"二氯喹啉酸"可湿性粉剂 30～35g，兑水喷雾。对于田间千金子杂草较多的田块，每亩用 10% 氰氟草脂（千金）50～70mL，兑水 30kg 喷雾。用药前一天将田水排干保持湿润，用药后 1、2d 放水回田，保水 5～7d，水层切勿淹没秧苗心叶。

5. 水分管理　播种后湿润管水，分蘖前期湿润灌溉，当田间茎蘖数达目标穗数的 80% 时烤田。拔节至抽穗期保持浅水层。抽穗至成熟期间歇灌溉、干湿交替，即水层落干后轻搁 2、3d 再上水。以气养根，保叶增重，收获前 7d 断水。

6. 防治病虫害

（1）苗期。

①稻蓟马：稻蓟马秧苗叶尖卷曲率 10% 以上、百株虫量 300～500 头时，用吡虫啉喷雾防治。

②条纹叶枯病：用吡蚜酮及时防治秧田及周围麦田灰飞虱。

③稻瘟病：有中心病团时，用三环唑喷雾防治。

（2）分蘖期。

①四（2）代稻纵卷叶螟：当百丛1、2龄幼虫达65～85头时，用杀虫双防治。

②白背飞虱：当百丛有虫1 500～2 000头时，用扑虱灵或吡蚜酮防治。

③稻叶瘟：田间有发病中心病团时，用多氧清或三环唑防治。

④纹枯病：发病丛率达15％～20％时，用多氧清或井冈霉素防治。

⑤条纹叶枯病：用扑虱灵或吡虫啉及时防治水稻灰飞虱，严控浸染途径。

（3）拔节抽穗期。

①五（3）、六（4）代稻纵卷叶螟：百丛有虫40～60头时，用杀虫双防治。

②褐飞虱：百丛有虫1 500～2 000头，有扑虱灵或吡虫啉防治。

③三化螟：当田间卵块达50块/亩时，用杀虫双防治。

④稻曲病：用井冈霉素预防。

⑤纹枯病：病丛率达30％以上时，用井冈霉素防治。

⑥穗颈瘟：用三环唑防治。

以上可据发生具体情况，可在破口期8～12d把几种药剂混合兑水喷雾，以降低用药成本和次数。

（4）抽穗至成熟期。

①稻飞虱：如不是发生太重，可利用前期的残留药效压低虫口基数；如发生较重，用吡虫啉防治。

②纹枯病：病菌不浸染到倒三叶以上可不防；若病菌浸染到倒三叶以上，用多氧清或井冈霉素防治。

③白叶枯病：于发病初期用叶枯唑进行防治。

④稻粒瘟病：用三环唑进行防治。

7. 收获 当稻谷成熟度达到85％～90％时，抢晴收获。无公害稻谷与普通稻谷分收、分晒。禁止在公路、沥青路面及粉尘污染严重的地方脱粒、晒谷。

（三）气候智慧型水稻防灾减灾技术

1. 夏季洪涝灾害后农作物补改种技术 安徽省梅雨集中，淮河流域、长江流域经常出现持续大范围降雨，造成农作物受灾。在抗洪的同时，做好灾后农业生产自救，将灾后损失减少到最低限度，是十分紧迫的任务。

（1）科学判断水稻是否需要补改种。水稻具有较强耐涝性，一般浸泡一天一夜，对稻苗生育影响较小；浸泡3、4d，只要有叶片在水面上，如果及时排水晾田，2d后追施叶面肥，仍然可以保苗。判断水稻是否要补改种，要做到"三看"。一看植株。

排水后稻株仍为绿色，没有腐烂，而且有一定硬度，排水后 2、3d，剥查主茎，生长点呈晶亮状，不萎缩，不浑浊，每穴有 2、3 个茎蘖存活的可以保苗；若水稻稻株容易拔断，分蘖节变软，外部叶片腐烂，则需要改种。二看叶片。如叶片有绿色，叶鞘内部仍为绿色，或出水后 3d 能见到心叶抽出的可以保苗；若叶片失绿且腐烂，心叶已死则需要改种。三看根系。拔起稻株，观察根系生长情况，如果有白根或根系呈淡黄色，或者排涝后 2、3d 能见到新根露尖的可以保苗；若根系全部为黄根和黑根，且开始发臭的，则需要改种。

（2）短期水淹后，促进水稻恢复生长的技术措施。强降雨造成农田积水，但涝渍时间较短，在地作物恢复生长的可能性较大。这类地区应采取积极措施，排涝降渍，查苗补苗，加强田管，促进苗情转化。主要技术措施有：

①清沟排水，除涝保苗。立即开机或人工排涝，抓紧清沟除渍，旱地力争在 24h 去除田间积水，水田争取在 72h 内现苗，确保作物正常生长，最大限度地降低损失。进一步理清田间沟系，做好"三沟"配套，预防二次涝渍。

②查苗补苗，以稠补稀。对缺苗断垄的田块，通过移稠补稀或补种补栽等措施及时补苗，确保全苗。

③增施速效肥，促进苗情转化。涝渍之后，秧苗长势较弱，土壤肥力流失较大，应及时增施速效肥料，适施磷、钾、钙，补足地力，促进苗情转化。

④及时防病治虫。作物受涝渍后，植株素质下降，易受病害侵染。应加强病虫测报，适时防病治虫，控制病虫害暴发流行。

（3）因灾绝收地区的补改种技术。遵循自然规律和经济规律，根据各种作物的生态适应性和当地退水后秋冬光热资源情况，按受灾类型和受灾程度，因地制宜、总体决策、分类指导。对由于强降水后农田被淹，短期难以排出，在地作物难以挽救，作物绝收田块，这类地区应根据积水排除时间是早迟和农时季节的要求，及早考虑改种其他作物。

①通过育苗，争取农时，改种高产高效作物。可根据退水的早迟，及早安排育苗。无地育苗的可借地育苗或统一进行工厂化集中育苗，待水退后，组织适时移栽。

②采取应变技术措施，通过调整播种技术（如催芽直播）、地膜覆盖（旱地）等手段，弥补季节上的限制。

③播种时期与改种作物。7 月 20 日前可以改种作物：重点改种早熟玉米、水稻、山芋、花生、芝麻、西瓜、胡萝卜等。8 月上旬前（立秋）可以改种作物：重点改种绿豆、饲用玉米、鲜食玉米和蔬菜。适宜的蔬菜种类为：黄瓜、番茄、菜豆、空心菜、大白菜、小白菜、棵白菜、秋萝卜等。

8 月 20 日前（处暑）可以改种作物：重点改种荞麦、速生蔬菜和反季节棚室蔬菜等。如食用菌、小白菜、青花菜、芫荽、菠菜、洋葱、黄瓜等蔬菜品种。

（4）重点改种作物生产技术。

①改种双季晚稻。江淮和沿江江南地区扩大晚稻面积，可推广"早翻晚"技术或晚稻催芽直播技术。可选用生育期在110d以内的常规早稻品种，播种期不能迟于7月25日。主要品种有嘉T优15号、株两优211、早籼615和早籼788等。

②改种鲜食玉米。选用早熟适宜本地品种，生育期为75d左右，可选用粤甜16号、珍甜368、雪甜1401、奥弗兰、皖甜210、万糯2000、天贵糯932、苏玉糯2号、苏玉糯5号、苏玉糯1号、彩甜糯6号、京科糯2000、凤糯2146、皖糯5号、珍珠糯8号等品种。淮北地区播种可延续到7月30日，江淮地区补种可延续到8月5日，沿江江南地区秋播补种最迟可到8月10日。抢时抢墒，宜早不宜迟，鲜食玉米种植密度为3 500～4 000株/亩。

③改种毛豆。毛豆采收期比常用大豆提早15～30d，可以作为涝渍灾后补种作物。可选用生育期短宜本地的早熟毛豆品种，生育期为65～70d，可选用科蔬一号、95-1和理想M-7、九月寒、浙鲜85等毛豆品种，淮北地区秋播补种最迟可到7月下旬，江淮地区秋播补种最迟可到8月上旬，沿江江南地区秋播补种最迟可到8月中旬。抢时抢墒，宜早不宜迟，改种毛豆适当增加密度，一般亩保苗2.8万～3万株。

④改种杂豆。安徽省可以种植的杂豆种类较多，有绿豆、红小豆、饭豆和豇豆等。可选用生育期短的早熟高产品种，可选用中绿1号（绿豆）、中绿4号（绿豆）、中绿6号（绿豆）、明绿3号、宁豇3号（豇豆）、盖地红（豇豆）、八月寒（豇豆）等品种，淮北地区播种不迟于8月4日，江淮地区播种不迟于8月中旬，沿江江南地区秋播补种最迟可到8月中旬。抢时抢墒，宜早不宜迟，改种杂豆适当增加密度，一般亩保苗1.5万株左右。

⑤改种秋马铃薯。马铃薯生育期短，产量高，效益好，可以作为安徽省洪涝灾害发生后补种、改种的优选作物之一。利用秋季温光资源种植秋马铃薯，选用中早熟品种，如费乌瑞它等，60d即可采收，马铃薯一般8月中旬就要下地种植，最迟种植时期不迟于9月上旬。一般行距60cm，株距20～25cm。采用稻草覆盖种植技术更轻简。

⑥改种荞麦。选用早熟适宜本地品种，生育期为60～70d。可选用苦荞1号、苦荞2号、小红花苦荞、甜荞1号、甜荞2号等品种。淮北地区播种可延续到8月15日，江淮地区播种不迟于8月20日，沿江江南地区秋播补种最迟可到8月25日。抢时抢墒，宜早不宜迟，甜荞以条播为好，行距40cm，亩播种量2～3kg。

⑦改种芝麻。选用早熟耐晚播芝麻品种，生育期为70d左右，例如豫芝DS899等早熟品种。淮北地区播种可延续到7月30日，江淮和沿江江南地区补种最迟可到

8月5日。抢时抢墒，宜早不宜迟。芝麻一般以撒播为主，亩基本苗1.5万株左右。

2. 抗秋旱促秋种调结构技术　为做好抗旱保秋种工作，编写了安徽省抗大旱保秋种调结构技术指导意见，供各市县结合实际情况参考使用。

（1）扩大造墒播种面积。

①适时补水促出苗。对小麦、油菜已经播种出苗的，但旱情严重田块，土壤墒情较差，出现吊苗甚至死苗现象，要及时灌溉，一般可灌一次渗沟水，以沟水浸湿厢面为宜。

②抢墒造墒秋种。对晚收水稻田，土壤墒情尚可，要及时整地，抢墒播种或者补墒播种。对墒情不足的旱地或者水稻田可采取抗旱灌溉造墒播种。

③推广小麦晚播高产技术。晚播小麦冬前积温不足，苗小苗弱，分蘖少或者无分蘖，主要靠主茎成穗。小麦晚播高产技术包括选用适当加大播量，增施肥料、增加氮肥追肥比例和次数，提高整地播种质量，温水浸种催芽技术等。

（2）调整优化种植结构。要变被动为主动，积极推进农业供给侧结构性改革，以市场需求为导向，不断调整优化种植业结构，促进农业增效，助力农民增产增收。

①扩大饲用作物面积。为满足近年来牛羊养殖等草牧业迅速发展的需求，扩大耐晚播的饲用作物面积，如：

饲用大麦。俗话说"大麦看田，一种到年（春节）"，大麦具有晚播早熟、生育期短、产量高等特点。例如：皖饲啤14008等。

饲用燕麦。春性饲用燕麦一般播种期为12月中旬到元月中下旬，晚播早熟、生育期短、生物产量高，饲草品质好，可刈割青饲，也适宜青贮。例如：青引2号等。

一年生黑麦草。10月到翌年2月均可种植，是牛羊鹅等草食家禽家畜的优质饲料。例如：长江2号、赣选1号等。

一年生黑麦。耐瘠，抗性强。青刈叶量大、草质软、蛋白质含量较高，是畜禽的优质饲草。例如：冬牧70黑麦。

二月兰。适应性强，耐寒，是很好的景观作物，也是很好的饲用作物。

②扩大耐晚播经济作物面积，如：

马铃薯。安徽省江淮和沿江江南地区马铃薯适宜播种期为1月中旬到2月上旬。

春播多用型油菜。春节前后种植，可作为春季景观植物、可作为蔬菜、可作为家禽家畜的优质饲料、还可以作为肥料（在油菜盛花期后直接还田）。

露地蔬菜种植。现在可直接播种的有蚕豆、豌豆、菜薹、菠菜、乌菜、小青菜、香菜等，最迟到11月中旬播种。可采用温水浸种催芽技术。

大棚育苗移栽。大棚育苗移栽的主要有莴笋、甘蓝等；12月至元月大棚育苗，二月移栽大田。

大棚育苗鲜食玉米。2月大棚育苗，3月移栽大田（小拱棚加地膜覆盖）。

3. 低温冷害下水稻防灾减灾栽培技术

(1) 选用抗寒性强的品种，并合理搭配。在生产中，应选用经过品种抗寒性区域鉴定，早播出苗快，分蘖期抗低温能力强、延迟出穗天数少、灌浆快的品种。同时根据低温气候规律，合理搭配早、晚稻品种，延长生育期。

(2) 适时播种，培训壮秧。由于稻种萌发的最低温度，一般籼稻为 12℃，粳稻为 10℃，因此早稻播种的最适温度必须日平均气温 ≥10～12℃，播后有连续 3 个以上晴天，或采用保温育秧和工厂化育秧等方法，避开低温连阴雨的影响。充分利用当地的光热资源，以达到培育壮秧的目的。

(3) 以水调温。在最低气温低于 17℃ 的自然条件下，灌水后夜间株间气温比不灌水的高 0.6～1.9℃，对花粉母细胞减数分裂期和抽穗期的低温有一定的防御效果，结实率提高 5.4%～15.4%。

(4) 喷叶面保温剂及其他化学药物、肥料等。喷叶面保温剂是对低温冷害进行防御的应急措施。一般在水稻开花期发生低温冷害时，于当日开花前后时段内喷施各种化学药物和肥料，如磷酸二氢钾、氯化钾、尿素、增产灵、赤霉素、萘乙酸等，都有一定防治效果。叶面保温剂在水稻秧苗期、减数分裂期和灌浆期施用也都有一定的效果。

4. 高温热害下水稻防灾减灾栽培技术

7月中旬到8月上旬，怀远县项目区易出现日最高气温高于 35℃ 的高温天气，最高温度达到 37～40℃，甚至超过 40℃。持续高温对处于孕穗和抽穗期特别是抽穗扬花期的水稻影响大，导致开花授精受阻，小花败育，空秕粒增加，造成大幅度减产甚至绝收。应密切关注高温热害预防工作，及时做好各项防控技术措施。

(1) 合理安排水稻品种布局，避开炎热的高温天气。不同水稻品种对高温胁迫的敏感性不同，因此选用耐高温较强的稳产型水稻品种以及早熟高产品种进行合理搭配对降低高温热害胁迫带来的损失有重要意义。利用耐高温能力较强的品种减少高温对开花结实的伤害，利用早熟高产品种或适时早播有利于避开高温季节，在高温到来之前或之后度过开花和乳熟前期，以取得大面积的平衡增产。

(2) 采取灌深水，实行以水调温。田间水层保持 5～10cm，可降低田间小气候温度 2～3℃，减轻热害。尤其是对缺水干旱的田块，要及早提水灌溉，增加田间湿度，防止干旱与高温热害叠加影响。有条件的地方可采取日灌夜排或长流水灌溉。

(3) 采取根外喷肥，增强水稻抗逆能力。根外喷施 3% 过磷酸钙溶液或 0.2% 磷酸二氢钾溶液，外加喷施叶面营养液肥，以增强水稻植株对高温的抗性，提高结实率和千粒重。

(4) 追施粒肥，防治后期早衰。对孕穗期受热害较轻的田块，于破口期前后补追一次粒肥，一般亩施尿素 3～5kg，恢复植株正常灌浆结实。

（5）**防控病虫害，促进植株健壮生长**。做到防病虫与防热害相结合。水稻主要防治稻飞虱、稻纵卷叶螟、水稻稻瘟病、纹枯病等病虫害。叶面喷施药肥一定要掌握好喷施浓度和喷施时间。溶液浓度不宜过高，否则，容易导致植株叶片损伤，影响养分吸收，喷药时间最好是傍晚。

5. **旱涝灾害下水稻防灾减灾栽培技术**

（1）**坚持流域综合治理，从整体上增强综合抵抗能力**。通过江河治理和建设，控制雨量，提高防洪能力，保证广大稻区的防洪安全，采取蓄泄兼筹，治标和治本相结合，治水与治山相结合等一系列措施，全面规划，综合治理。

（2）**进行农田水利建设，扩大旱涝保收农田面积**。综合区域治理，对已有水利工程进行维护、科学管理和配套，以充分发挥经济效益，增强抗灾能力。旱涝保收农田在灾年起到以丰补歉的作用。如高温干旱年，加强对具有灌溉条件水稻的管理，争取高产，可以减轻全局灾害损失。

（3）**调整水稻布局，选用抗逆品种**。根据当地气候特点和变化规律，进行水稻类型和品种合理布局。夏涝灾严重的地区，可扩大早稻面积；经常发生干旱的地区可以采取水稻旱种。并有计划的培育和选用抗旱、耐涝品种。

（4）**采用防灾减灾的农业技术措施**。通过调节播期、"弹性秧"旱育技术、适当的肥料管理等技术，避开或减轻旱涝灾害的危害。

（5）**加强对灾害机理的综合研究，建立并完善灾害监测、预警系统**。在利用大量历史资料研究和其发生机理和变化规律的基础上，应用现代高科技手段（如 3S 技术），开展旱涝灾害的监测预警系统研究，并投入业务应用，加强对灾害的预报和防御。

三、气候智慧型稻茬小麦生产技术

（一）气候智慧型稻茬麦栽培技术

1. 品种选用技术

（1）**稻茬小麦品种选择的基本要求**。稻茬麦主要分布在处于北亚热带向南暖温带过渡地带的沿淮地区，自然条件错综复杂、地理地貌迥异，光、热、水等自然因素年际间变幅大，气候、土壤等条件呈现明显的过渡性地带特征。南北方农业特色交织在一起，形成了温暖湿润的以稻麦两熟为主的独特的过渡性生态类型区。南北方品种在过渡性生态区内利用都有很大的局限性，南方小麦品种在该区大多表现为抗锈性差、产量低、抗倒春寒能力弱；北方品种在该区大多表现为耐湿性差、不抗赤霉病，成熟较晚，灌浆较慢。此外，该区土质黏重，通透性差，有坚实的犁底层、坷垃大、湿度大、渍害重，南北方多种病虫草害频繁发生且较重，如条叶锈病、白粉病、赤霉病、纹枯病、叶枯病等病害及红蜘蛛、黏虫等虫害和看麦娘等草害。上述土壤、气候和生物条件造成该区小麦生产前期难以精耕细作，后期常形成高温高湿逼熟，产量低而不稳等。因而选择稻茬麦品种，对于该区小麦的高产稳产具有重要意义。

选用通过国家或安徽省品种审定委员会审定，种子质量符合国家标准。根据沿淮地区和江淮地区的土壤和气候条件，宜选用抗病尤其是对赤霉病的综合抗性较强、耐涝渍、抗倒伏、抗穗发芽、耐倒春寒和耐干热风、谷草比高、综合抗性好、稳产高产的小麦品种。

（2）沿淮及江淮稻茬麦品种简介。

表 2-5　沿淮及江淮稻茬麦品种

序号	品种名	序号	品种名	序号	品种名	序号	品种名
1	烟农 19	8	徐农 029	15	扬麦 22	22	宁麦 16
2	安农 0711	9	宁麦 13	16	扬麦 15	23	浩麦一号
3	淮麦 33	10	镇麦 9 号	17	宁麦 18	24	扬麦 18
4	淮麦 22	11	扬麦 13	18	扬麦 20	25	苏隆 128
5	济科 33	12	安农 1124	19	镇麦 12	26	轮选 22
6	安科 1303	13	镇麦 168	20	宁麦 24	27	扬麦 25
7	皖垦麦 0901	14	苏麦 188	21	镇麦 11	28	皖垦麦 076

2. 限制稻茬麦产量提高的因素

（1）农业政策与市场。 2017 年 12 月 1 日，国家发改委、财政部、农业部、粮食和储备局、中国农业发展银行等六部门发出通知，2018 年小麦最低收购价政策，小麦（三等）最低收购价格为每 50kg 115 元，比 2017 年下调 3 元；2019 年年 11 月 16 日，6 部门宣布国家对 2019 年产的小麦（三等）执行每 500g 1.12 元的最低收购价格，相比上年下调每 500g 0.03 元。2018 年小麦最低收购价格开始首次下调，2019 年继续跟进，连续两年小麦最低收购价格的下降，每亩可能导致农民损失 40～60 元左右，在一定程度上会在短期内降低对于农民种植小麦的心里预期和意愿，导致稻茬麦抛荒面积增加，种植面积下降，进而限制了稻茬麦的产量提高。稻茬麦区居民多以稻米作为主食，面食为辅，生产的稻茬麦以出售到北方外地为主，增加了运输成本。每年的新产小麦总量明显高于小麦需求量，长年累月，中国的小麦库存量逐渐高企了起来，小麦临储量市场一直处于供过于求的状态也是小麦价格下滑的重要原因。麦麸是猪饲料的重要构成部分，非洲猪瘟导致养殖行业不景气，导致麦麸需求量和价格的下降也带动小麦价格的不景气，从而降低了农民种植小麦的意愿。

（2）气候因素。 小麦灾害频发稻茬麦主要种植区域位于中国南北过渡带上，该区农业气象灾害频发，常导致小麦发生冬季冻害、春季低温渍涝、初夏干热风、梅雨期的穗发芽，给该区稻茬麦的生产带来很大影响。据统计：淮北旱涝 2、3 年 1 遇，淮河以南 3、4 年 1 遇，干旱 6 年 1 遇；秋季连阴雨 2 年 1 遇；江淮地区干热风 2 年 1 遇，而淮北地区几乎年年出现。

农业灾害严重威胁安徽省的稻茬麦的可持续发展，对于稳定国家粮食市场和保障粮食安全产生十分不利的影响。在当今粮食种植面积有限和粮食增产缓慢的情况下，如果能够对稻茬麦区农业灾害进行有效的风险评估、管理并开展防灾减灾策略研究，将对实现安徽省稻茬麦可持续发展以及保障安徽省稻茬麦产量甚至中国的粮食安全具有十分重要的意义。

(3) 耕种粗放，出苗率低。全苗、匀苗是小麦丰产的基础，但稻茬麦区的小麦生产往往耕种粗放，出苗率低，主要表现水稻土土质黏重，实施秸秆全量还田后，机耕机播阻力加大，旋翻后坷垃大，条播深浅不一，作业质量得不到保障。另外大中型拖拉机配套施肥、旋耕、播种、镇压一体化条播兴起时间短，不同的机手作业水平参差不齐，技术成熟度差，难以保证一播全苗、匀苗、壮苗；秸秆不规范还田等因素无法适应生产，秸秆还田后表土悬松，小麦根系易生长不实，造成播后出苗不齐或冬前早春死苗，从而造成稻茬麦穗数不足而减产。

图 2-10　耕种粗放，出苗问题

(4) 播种晚。由于偏晚熟粳稻以及水稻直播面积和机插秧面积的扩大，水稻收获期推迟，导致小麦播种期推迟，晚播小麦面积逐年增加，晚播小麦产量比适播小麦亩产量低 50～60kg，减产 7%～10%。晚播小麦产量降低的原因在于冬前有效分蘖减少，最终以主茎成穗为主、有效穗数不足。

(5) 播量大。由于稻茬麦区小麦耕种粗放、播种期过晚，同时播种后容易受渍害影响导致小麦出苗率低，农民为了保证一播全苗，往往采用加大播种量的方式，一亩地播种量可达 25～30kg。虽然大播量在保证稻茬小麦一播全苗方面有一定作用，但大播量也有很多负面作用。一是稻茬麦去多采用撒播的方式进行播种，大播量容易造成疙瘩苗；二是大播量由于单位面积内存在较多的个体，个体之间由于相互竞争有限的光、热、水分、养分等自然资源，个体容易发育不良形成弱苗；三是播种量过大容易造成田间通风透光条件变差，小麦基部节间发育不良，造成倒伏；四是由于形成弱苗，小麦容易遭受冻害等自然灾害影响而减产；五是田间郁闭往往还会加重病虫害发生的程度。

（6）涝渍害严重。 与北方麦区相比，稻茬麦麦区小麦生育期间往往多雨，同时地下水位高、土质黏重，透水性差，所以，在多雨季节，麦田排水很慢，使麦根长时间处于缺氧环境，从而影响根系下扎和造成烂根。

渍害在小麦全生育期都能发生，苗期发生渍害主要表现为僵种甚至霉烂，出苗率低，已出苗的迟迟不发生分蘖，次生根极少，苗小叶黄。越冬期表现为植株较矮，叶片较小，功能叶片上部 1/3 至 1/2 处叶绿素破坏，呈灰白色。拔节至抽穗期受渍害，上部功能叶发黄，叶片变短，上部三片叶自下而上平均短 19.8％、30.4％和 36.1％，株高矮 10cm 左右，每穗的小穗和小花数明显减少，穗粒数一般减少20％～40％，成穗数减少 30％左右。扬花至灌浆阶段受渍害，常导致根系死亡，功能叶片早衰，光合作用减弱，千粒重下降 30％～50％，这一时期的渍害经常发生，对小麦产量影响最大。

因而，在采用耐湿品种的同时，建好田间排水系统，田内开好"四沟"；采用中耕松土、熟化土壤、适度深耕、增施有机肥和磷肥等措施改善土壤环境，降低耕作层土壤含水量，增强土壤透气性，降低地下水，减少浅层水，促使土壤水气协调是防御稻茬麦渍害的有效措施。

（7）病虫草害猖狂。 稻茬麦主要分布在处于北亚热带向南暖温带过渡地带的沿淮地区，自然条件错综复杂、地理地貌迥异，光、热、水等自然因素年际间变幅大，气候、土壤等条件呈现明显的过渡性地带特征。南北方品种在过渡性生态区内利用都有很大的局限性，南方小麦品种在该区大多表现为抗锈性差、产量低、抗倒春寒能力弱；北方品种在该区大多表现为耐湿性差、不抗赤霉病，成熟较晚，灌浆较慢。此外，该区土质黏重，通透性差，有坚实的犁底层、坷垃大、湿度大、渍害重，南北方多种病虫草害频繁发生且较重，如条叶锈病、白粉病、赤霉病、纹枯病、叶枯病等病害及红蜘蛛、粘虫等虫害和看麦娘等草害（图 2-11）。

稻茬小麦由于播种季节紧张，长期免少耕作业，耕层浅，杂草富集表层，给其营造了良好的生长条件，同时不科学化学除草，造成部分田间杂草密度大、抗性强的日本看麦娘、看麦娘、菵草、婆婆纳和猪殃殃等杂草成为优势种群，与小麦争夺水分和养分的现象发生严重，从而限制了小麦产量的提高。

3. 气候智慧型稻茬麦高产栽培技术

（1）播前准备。

①整地。上茬水稻秸秆留茬高度 10～20cm，脱粒后的秸秆全量粉碎均匀撒于田

图 2-11　病虫草害

面，秸秆粉碎应小于 15cm，且无明显漏切。小麦播前免耕整地，要求地表平整、镇压连续，秸秆抛撒均匀，不影响正常播种作业。

②"三沟"配套。播种前（也可在播种后）适墒机械开沟，做好高标准配套田间沟系（三沟标准：田外沟深 1～1.2m；田内竖沟间距 2～3m、深 20～30cm，横沟间距 50m、深 30～40cm，田头沟深 40cm，确保旱灌、涝能排、渍能降），黏土地区或播后偏旱及时采取洇水措施，促进全苗、齐苗。

③底墒要求。播前检查土壤墒情，确保足墒播种，缺墒灌溉，过湿散墒，播前保证耕层土壤含水量达到田间最大持水量的 75%～85%。

④品种选择。选择通过审定的高产、耐密、抗病、抗冻耐热、耐渍、抗倒伏、抗穗发芽的春性或者半冬性小麦品种，要求生物产量高、株型紧凑，中抗赤霉病和纹枯病以上，高抗梭条花叶病，抗倒力中等以上。种子质量应符合 GB 4404.1。

⑤种子处理。播种前晒种 2、3d，并进行药剂拌种，建议每亩 6～10kg 麦种拌 1 包春泉拌种剂（或矮苗壮）加水 200g，并按 6% 戊唑醇 FS 5mL 拌 10kg 麦种，均匀拌合，待药液吸干后播种。主要防治病害包括纹枯病、白粉病、根腐病，虫害包括蛴螬、金针虫、蝼蛄等。

（2）播种。

①播期与播量。半冬性小麦品种适宜播期为 10 月 10 日至 11 月 23 日，春性小麦

品种适宜播期为 10 月 20 日至 11 月 20 日，推荐适时播种。半冬性小麦品种适播期内播种亩基本苗 15 万～25 万，春性小麦品种适播期内播种亩基本苗 25 万～30 万。播期推迟适当加大播量。

②施肥、播种一次性作业。采用免耕施肥条播机一次性完成开沟、施肥、播种、覆盖、镇压作业。播种深度 3～4cm，行距 25cm，化肥播种深度 15cm，且与播种行间隔大于 3cm。

肥料用量推荐氮肥每亩用量 14～16kg（纯氮），基肥：追肥＝70％：30％。磷肥每亩 4～6kg（P_2O_5），钾肥每亩 5～7kg（K_2O），磷肥和钾肥全部作为基肥施入。施用前宜混合可加入适量硝化抑制剂，以调控氮肥释放速率，减少 N_2O 排放，推荐硝化抑制剂为 3，4-二甲基吡唑磷酸盐（DMPP），亩用量 30g。

（3）田间管理。

①化学除草。播后芽前封闭化除，选用 50％异丙隆类可湿性粉剂（亩用有效成分 75g）或者异丙隆的复配剂，加水 50kg，于播种后至小麦出苗前用药。苗后早期茎叶处理，可施药控制低龄杂草的萌发及生长，并有约 45d 的封闭作用，可选择异丙隆、氟唑磺隆与精噁唑禾草灵、唑啉草酯、啶磺草胺、氯氟吡氧乙酸等复配。但要注意施药前 3d 至后 5d 要避开低温寒流天气（日均气温不低于 8℃），防止低温药害。

冬前日均温度 8℃以上、杂草 3 叶期进行化学除草，推荐施用异丙隆加苯磺隆，用量按农药登记用药剂量施用，亩兑水 30kg 喷雾除草；冬前进行化学除草或除草不彻底的田块，于小麦拔节前进行化学除草，拔节前日平均气温上升到 8℃左右时进行春季化除。以看麦娘等禾本科杂草为主的，亩用 50g/L 唑啉草酯·炔草酯乳油 100mL 等药剂；氟唑磺隆对多花黑麦草、雀麦、野燕麦效果好，可亩用 70％氟唑磺隆水分散粒剂 3～4g；以猪殃殃、繁缕等阔叶杂草为主的，亩用 20％氯氟吡氧乙酸 50mL。每亩兑水 40kg 于小麦拔节前用药。注意施药前 3d 至后 5d 要避开低温寒流天气（日平均气温不能低于 8℃），防止低温药害。

②化控。生理拔节始期对群体较大田块叶面喷施矮壮丰或矮苗壮，亩用 40g 兑水 30～40kg 喷雾。

③水分管理。小麦全生育期，如遇土壤受旱，及时浇水或者喷灌。若遇雨量大、雨日多等天气，田间涝渍严重，及时排除田间积水。

④适时追肥。3 月中下旬，在叶色褪淡、主茎第 1 节间基本定长第二节间开始伸长、高峰苗下降小分蘖消亡、倒 3 叶末倒 2 叶初时重施拔节肥，亩用尿素 10～15kg，确保穗大粒多。

⑤病虫害防治。小麦播种至苗期以预防种传病害、纹枯病、地下害虫为主，拔节期以红蜘蛛、纹枯病和蚜虫为主，抽穗至扬花初期以赤霉病、白粉病、锈病和吸浆虫为主，灌浆期以蚜虫、锈病和白粉病为主。

（4）收获和秸秆处理。

①适时收获。小麦于蜡熟末期采用联合收割机进行收割，要抢晴收获，防止穗发芽。小麦收获应尽量在雨季到来前进行。

②秸秆处理。小麦秸秆留茬高度 $10\sim20cm$，脱粒后的秸秆全量粉碎均匀撒于田面，秸秆粉碎应小于 $15cm$，且无明显漏切。

（二）气候智慧型稻茬小麦防灾减灾模式与技术

1. 偏迟播、烂种、零共生套播稳产模式　该模式适合前作常规粳稻茬口、但 10 月底 11 月初遇连阴雨（大面积生产上要注意收获前 5d 断水，中心沟配套、遇雨及时排水）的生产实际。排干田间积水后，模拟零共生套播（粳稻收获前 $1\sim3d$ 套播套肥套药），套播前人工采用立克秀等拌种后晾干，亩预期基本苗 25 万～30 万、设计亩播量约 $15\sim18kg$，11 月 $10\sim12$ 日人工撒播 2 次（横竖 2 次）确保均匀播种，播后 2、3d 后匀铺切碎稻草（切碎长度控制 10cm），并用镇压轮镇压 2 次。

水稻收获后每亩撒入复合肥 $50kg/$ 亩（N-P-K，15-15-15），另加尿素 16kg。

播后芽前封闭化除，选用 50％异丙隆类可湿性粉剂（亩用有效成分 75g）或者异丙隆的复配剂，加水 50kg，于播种后至小麦出苗前用药。苗后早期茎叶处理，可施药控制低龄杂草的萌发及生长，并有约 45d 的封闭作用，可选择异丙隆、氟唑磺隆与精噁唑禾草灵、唑啉草酯、啶磺草胺、氯氟吡氧乙酸等复配。但要注意施药前 3d 至后 5d 要避开低温寒流天气（日均气温不低于 8℃），防止低温药害。

播后 $7\sim10d$ 后适墒机开田内沟，畦面宽度 2、3m，沟泥抛洒覆盖，做好高标准配套田间沟系（三沟标准：田外沟深 $1.0\sim1.2m$；田内竖沟间距 $2\sim3m$、深 $20\sim30cm$，横沟间距 50m、深 $30\sim40cm$，田头沟深 40cm，确保旱能灌、涝能排、渍能降），黏土地区或播后偏旱及时采取洇水措施，促进全苗、齐苗。

拔节前日平均气温上升到 8℃ 左右时进行春季化除。以看麦娘等禾本科杂草为主的，亩用 $50g/L$ 唑啉草酯·炔草酯乳油 100mL 等药剂；氟唑磺隆对多花黑麦草、雀麦、野燕麦效果好，可亩用 70％氟唑磺隆水分散粒剂 3、4g；以猪殃殃、繁缕等阔叶杂草为主的，亩用 20％氯氟吡氧乙酸 50mL。每亩兑水 40kg 于小麦拔节前用药。注意施药前 3d 至后 5d 要避开低温寒流天气（日平均气温不能低于 8℃），防止低温药害。

生理拔节始期对群体较大田块叶面喷施矮壮丰或矮苗壮，亩用 40g 对水 $30\sim40kg$ 喷雾。在叶色褪淡、主茎第 1 节间基本定长第二节间开始伸长、高峰苗下降小分蘖消亡、倒 3 叶末倒 2 叶初时重施拔节肥，亩施尿素 $10\sim15kg$ 左右。

2 月下旬至 3 月中旬拔节初期防治纹枯病，孕穗期防治白粉病，扬花初期防治赤霉病等，搞好一喷三防。抽穗后视穗蚜发生情况，选用吡虫啉、高效氯氰菊酯等农药兑水 50kg 喷细雾，注意肥药混喷、养根保叶、活熟到老。

2. 偏迟播、烂种、抛肥机撒播稳产模式 该模式适合前作常规粳稻茬口、但 10 月底 11 月初遇连阴雨（大面积生产上要注意收获前 5d 断水、中心沟配套、遇雨及时排水）的生产实际，展示田需通过适时灌水创造该场景条件。11 月 10 日前后，排干田间积水后，（用履带式收割机收获粳稻），先施基肥，再用水田耕整机械旋耕还田轻整地（达到草泥混合、田面平整）。

种子处理：播前晒种并进行药剂拌种，建议每亩 6～10kg 麦种拌 1 包春泉拌种剂（或矮苗壮）加水 200g，并按 6% 戊唑醇 FS 5mL 拌 10kg 麦种，均匀拌合，待药液吸干。

在施肥喷药机械的抛肥装置中装入麦种，利用抛肥机原理均匀抛洒麦种（或人工均匀撒播）。11 月 10～15 日播种，亩预期基本苗 25 万～30 万、设计亩播量约 15～18kg。

水稻收获后每亩撒入复合肥 50kg（N-P-K，15-15-15），另加尿素 15kg。

播后芽前封闭化除，选用 50% 异丙隆类可湿性粉剂（亩用有效成分 75g）或者异丙隆的复配剂，加水 50kg，于播种后至小麦出苗前用药。苗后早期茎叶处理，可施药控制低龄杂草的萌发及生长，并有约 45d 的封闭作用，可选择异丙隆、氟唑磺隆与精噁唑禾草灵、唑啉草酯、啶磺草胺、氯氟吡氧乙酸等复配。但要注意施药前 3d 至后 5d 要避开低温寒流天气（日均气温不低于 8℃），防止低温药害。

适墒机械开沟，做好高标准配套田间沟系（三沟标准：田外沟深 1.0～1.2m；田内竖沟间距 2～3m、深 20～30cm，横沟间距 50m、深 30～40cm，田头沟深 40cm，确保旱灌、涝能排、渍能降），黏土地区或播后偏旱及时采取洇水措施，促进全苗、齐苗。

拔节前日平均气温上升到 8℃ 左右时进行春季化除。以看麦娘等禾本科杂草为主的，亩用 50g/L 唑啉草酯·炔草酯乳油 100mL 等药剂；氟唑磺隆对多花黑麦草、雀麦、野燕麦效果好，可亩用 70% 氟唑磺隆水分散粒剂 3～4g；以猪殃殃、繁缕等阔叶杂草为主的，亩用 20% 氯氟吡氧乙酸 50mL。每亩兑水 40kg 于小麦拔节前用药。注意施药前 3d 至后 5d 要避开低温寒流天气（日平均气温不能低于 8℃），防止低温药害。

生理拔节期始对群体较大田块叶面喷施矮壮丰或矮苗壮，亩用 40g 兑水 30～40kg 喷雾。在叶色褪淡、主茎第 1 节间基本定长第二节间开始伸长、高峰苗下降小分蘖消亡、倒 3 叶末倒 2 叶初时重施拔节肥，亩施尿素 10～15kg 左右。

2 月下旬至 3 月中旬拔节初期防治纹枯病，孕穗期防治白粉病，扬花初期防治赤霉病等，搞好一喷三防。抽穗后视穗蚜发生情况，选用吡虫啉、高效氯氰菊酯等农药兑水 50kg 喷细雾，注意肥药混喷、养根保叶、活熟到老。

3. 过迟播、精整地、大播量稳产模式 该模式适合前作常规粳稻茬口，收获期遇连阴雨、田间积水的生产实际，迫不得已推迟收获腾茬和推迟播种小麦，但仍坚持深翻深埋秸秆并精细整地，加大播量，机械条播，施足基肥，控制氮肥。

种子处理：播前晒种并进行药剂拌种，建议每亩 6～10kg 麦种拌 1 包春泉拌种剂（或矮苗壮）加水 200g，并按 6% 戊唑醇 FS 5mL 拌 10kg 麦种，均匀拌合，待药液吸干后播种。

11 月底至 12 月上中旬过迟播（比当地最佳偏迟 30d 以上），亩预期基本苗 30万～32 万、设计亩播量约 18～20kg。

水稻收获后每亩撒入复合肥 50kg（N-P-K，15-15-15），另加尿素 10kg。

播后芽前封闭化除，选用 50% 异丙隆类可湿性粉剂（亩用有效成分 75g）或者异丙隆的复配剂，加水 50kg，于播种后至小麦出苗前用药。苗后早期茎叶处理，可施药控制低龄杂草的萌发及生长，并有约 45d 的封闭作用，可选择异丙隆、氟唑磺隆与精噁唑禾草灵、唑啉草酯、啶磺草胺、氯氟吡氧乙酸等复配。但要注意施药前 3d 至后 5d 要避开低温寒流天气（日均气温不低于 8℃），防止低温药害。

适墒机械开沟，做好高标准配套田间沟系（三沟标准：田外沟深 1.0～1.2m；田内竖沟间距 2～3m、深 20～30cm，横沟间距 50m、深 30～40cm，田头沟深 40cm，确保旱能灌、涝能排、渍能降），黏土地区或播后偏旱及时采取洇水措施，促进全苗、齐苗。

拔节前日平均气温上升到 8℃ 左右时进行春季化除。以看麦娘等禾本科杂草为主的，亩用 50g/L 唑啉草酯·炔草酯乳油 100mL 等药剂；氟唑磺隆对多花黑麦草、雀麦、野燕麦效果好，可亩用 70% 氟唑磺隆水分散粒剂 3～4g；以猪殃殃、繁缕等阔叶杂草为主的，亩用 20% 氯氟吡氧乙酸 50mL。每亩兑水 40kg 于小麦拔节前用药。注意施药前 3d 至后 5d 要避开低温寒流天气（日平均气温不能低于 8℃），防止低温药害。

生理拔节始期对群体较大田块叶面喷施矮壮丰或矮苗壮，亩用 40g 兑水 30～40kg 喷雾。在叶色褪淡、主茎第 1 节间基本定长第二节间开始伸长、高峰苗下降小分蘖消亡、倒 3 叶末倒 2 叶初时重施拔节肥，亩施尿素 10～15kg 左右。

2 月下旬至 3 月中旬拔节初期防治纹枯病，孕穗期防治白粉病，扬花初期防治赤霉病等，搞好一喷三防。抽穗后视穗蚜发生情况，选用吡虫啉、高效氯氰菊酯等农药兑水 50kg 喷细雾，注意肥药混喷、养根保叶、活熟到老。

4. 应对低温雨雪低温天气，做好小麦春季管理

（1）排水降湿，减轻渍害。 元旦至春节期间，安徽省常常遭遇连阴雨天气，稻茬田及低洼地块渍害较重，造成部分田块小麦生长不良，植株矮小，叶片发黄，黑根增加。要以清沟降湿促根生长为重点，全面排查并突击清理稻茬小麦田块内外"三沟"，确保麦田"三沟"畅通，排水顺畅，做到雨止田干、沟无积水，促进根系生长。开沟泥土要均匀散开，避免损伤麦苗。

（2）科学用肥，促弱转壮。要认真开展苗情调查，准确把握苗情动态，根据苗情开展分类管理，千方百计促进苗情转化。抓住早春气温回升的有利时机，因苗实施管理，确保小麦返青起身期有充足的肥水供应，巩固年前分蘖，加快春生分蘖生长，促进分蘖成穗。对部分稻茬麦播期偏晚，苗小苗弱，群体不足的二、三类苗，一般于2月上中旬每亩追施尿素5～7kg，趁雨撒施，促进春季分蘖早生快长。对群体数适宜，但叶片数偏少，根系发育差的晚播弱苗，可根据地力水平和基肥施用情况，适当推迟追肥时间，可直接追施拔节肥，每亩追施尿素8～10kg。

（3）适时化除，控制杂草。春季化学除草的有利时机是在2月下旬至3月中旬，要在小麦返青初期及早进行化学除草，小麦拔节后不宜化学除。要避开倒春寒天气，喷药前后3d内日平均气温在6℃以上，日低温不能低于0℃，白天喷药时气温要高于10℃。

单子叶杂草中，以雀麦为主的麦田，可选用啶磺草胺＋专用助剂，或氟唑磺隆等防治；以野燕麦为主的麦田，可选用炔草酯，或精噁唑禾草灵等防治；以节节麦为主的麦田，可选用甲基二磺隆＋专用助剂等防治；以看麦娘为主的麦田可选用炔草酯，或精噁唑禾草灵，或啶磺草胺＋专用助剂等防治。

双子叶和单子叶杂草混合发生的麦田可用以上药剂混合进行茎叶喷雾防治，或者选用含有以上成分的复配制剂。要严格按照农药标签上药剂标注的推荐剂量和方法喷施除草剂，避免随意增大剂量造成小麦及后茬作物产生药害，禁止使用长残效除草剂如氯磺隆、甲磺隆等药剂。

（4）精准用药，绿色防控病虫害。在小麦返青到拔节期间，防治纹枯病、根腐病可选用250g/L丙环唑乳油每亩30～40mL，或300g/L苯醚甲环唑·丙环唑乳油每亩20～30mL，或240g/L噻呋酰胺悬浮剂每亩20mL兑水喷小麦茎基部，间隔10～15d再喷一次；防治小麦茎基腐病，宜每亩选用18.7％丙环·嘧菌酯50～70mL，或每亩用40％戊唑醇·咪鲜胺水剂60mL，喷淋小麦茎基部；防治麦蜘蛛，可亩用5％阿维菌素悬浮剂4～8g或4％联苯菊酯微乳剂30～50mL。同时加强小麦蚜虫和赤霉病等病虫害预测预报，做到早防早治，统防统治。

5. 晚播稻茬小麦高产栽培技术　近年来，沿淮地区随着中晚熟水稻品种的推广和直播稻面积的扩大，以及不良天气的影响，水稻收获期大幅延迟，小麦播种明显错过适宜播期，晚播小麦面积逐年增加。研究表明，晚播小麦由于冬前积温不足，造成苗小、苗弱，根系发育较差，产量低且不稳，晚播小麦每晚播5d，单产减少7％～10％，比适期播种小麦平均产量每亩低50～60kg。因而，通过播种量、肥料和水分管理的通过栽培技术的优化，使得群、个体协调，对于保证晚播稻茬小麦高产稳产至关重要。

（1）播种。

播种前准备：水稻收获后每亩撒入复合肥 50kg（N-P-K，15-15-15），另加尿素 16kg。

良种选用：应选用灌浆快、早熟、穗大粒多的春性或弱春性优良品种。如扬麦 20、扬麦 25、扬麦 158、安农 0711、镇麦 168、苏隆 128、皖垦麦 076 和轮选 22 等品种。

播种日期：11 月 1 日～10 日播种。

播种量和播种方法：将小麦种子 20.0kg/亩撒于稻茬田块之上，用旋耕机旋耕后耙平。

（2）冬前播种后管理。播种后田间起好"四沟"（厢沟、腰沟、边沟、田外排水沟），保持沟沟相通，明水能排，暗水自落，起沟的土壤均匀撒于厢面上。

麦苗 1 叶 1 心时每亩用 50％异丙隆 125～150g 兑水 40～50kg 喷雾，控制杂草危害。

（3）春季管理（返青到抽穗）。晚播稻茬麦苗小、苗弱，分蘖少，根系发育较差。此期是争取小麦早发，增加春季分蘖的关键时期，同时也是需水需肥高峰期，是争取粒多穗重，争取稳产高产的关键时期。①早施返青拔节肥。起身返青期亩施尿素 15kg，促春季分蘖多成穗。拔节期亩施尿素 10kg，促穗大粒多。②适时中耕，清好四沟。

（4）及时防治病虫害。主要以锈病、白粉病、纹枯病、红蜘蛛、蚜虫、粘虫危害较严重。防治方法如下：①小麦粘虫：防治指标每平方米幼虫 15 头，亩用 90％晶体敌百虫 100g 或 2.5％辉丰菊酯或快杀灵 30～40mL，兑水 50kg 喷雾。②白粉病：防治指标病株率 15％或病叶率 5％，亩用 15％粉锈宁 100g 兑水 50kg 喷雾（兼治叶枯病、叶锈病）。③蚜虫：百株蚜量 500 头，每亩用 10％大功臣 10～15g 兑水 50kg 喷雾。④条锈病：病叶率达 1％，亩用三唑酮有效成分 7～9g，兑水 40kg 喷雾，（兼治纹枯病、叶枯病、白粉病）。⑤红蜘蛛：每单行市尺有螨 200 头以上，用 0.9％虫螨克 15mL，或 25％快杀灵 25mL，兑水 60kg 喷雾。⑥纹枯病：病株率 10％～15％，亩用粉锈宁纯药 7～9g，兑水 50～75kg 喷洒麦株茎基部，还可兼治叶枯病、锈病、白粉病。或亩用 20％井岗霉素 25～35g 兑水 80～100kg 喷雾。⑦赤霉病：在开花期前后每亩可选用 25％氰烯菌酯悬浮剂 100～200mL，或 40％戊唑·咪鲜胺水乳剂20～25mL，或 28％烯肟·多菌灵可湿性粉剂 50～95g，兑水 30～45kg 细雾喷施，过 5～7d 重喷一次。

（5）后期管理（抽穗、开花到成熟）。

此期的主要任务是：养根保叶，协调碳氮营养，防止早衰，增加粒重。

搞好叶面喷肥。在孕穗和抽穗期各喷一次 0.4% 硫酸二氢钾，或在孕穗和扬花期用 2% 的尿素水溶液每亩 50～75kg 进行叶面喷洒，以延长叶片功能期，提高光合能力，防止早衰，提高粒重，增加产量。

四、稻麦两熟制减量高效新型施肥技术

安徽省是全国重要的粮食核心产区之一，同时也是我国六个粮食持续输出省份之一。小麦和水稻是安徽省种植面积最大的两类粮食作物，稻麦持续高产稳产对保障国家粮食安全有极其重要的作用。2018 年，全省稻麦轮作面积超过 1 400 万亩，主要位于沿淮淮北到江淮之间地区，在沿江江南部分地区也有少量分布。

（一）安徽省稻麦轮作区土壤及施肥状况

稻麦轮作能兼顾水稻与旱地作物粮食生产。大量相关研究表明，稻麦两熟制种植中水旱轮作配合合理施肥，可改善土壤结构，提高土壤肥力，使土壤质量达到可持续发展。

从 20 世纪 80 年代起，安徽省稻麦两熟区作物产量上升显著。但由于片面追求粮食产量而过量使用化肥，及以人畜粪尿、绿肥等为代表的传统有机肥施用比例骤减，对稻麦两熟区土壤培肥与肥料施用提出了新的挑战。

1. **土壤养分状况**　根据相关调查，目前安徽省主要稻麦两熟种植区土壤养分条件如下表（表2-6）所示。其中淮北地区土壤有机质，有效钼、硼、锌较低；沿淮及江淮地区土壤有机质，有效钼、硼、锌较低，土壤速效钾偏低；沿江及江南地区土壤速效磷钾偏低，有效钼、硼较低；整体土壤质量有待进一步提高。

表 2-6　安徽主要稻麦轮作区土壤养分状况

地区	土壤有机质	全氮	速效磷	速效钾	中微量元素
淮北	较低	中等	中等	中等偏高	有效铁、锰、铜较高，有效钼、硼、锌较低
沿淮及江淮	较低	中等	中等	中等偏低	有效铁、锰、铜较高，有效钼、硼、锌较低
沿江及江南	中等偏高	中等偏高	偏低	偏低	有效铁、锰、铜较高，有效锌中等，有效钼、硼较低

2. **施肥强度**　根据安徽省肥料使用情况定点调查数据统计，2016—2018 年主要农作物化肥施用强度逐年降低，2018 年比 2017 年亩均化肥施用量减少 0.4kg（以播种面积计）。安徽省化肥施用量和施用强度实现"双减"的同时，粮食总产基本稳定，化肥减量增效成果初步凸显。但与发达国家和地区相比，安徽省整体单位面积及单位产量化肥投入量仍偏高，有进一步优化的潜力。

3. **安徽省稻麦轮作区施肥的主要问题**　目前安徽省稻麦轮作区耕地利用率高、

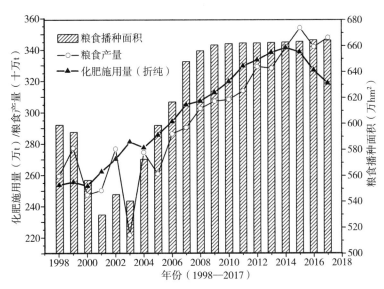

图 2-12　1998—2017 年安徽省粮食产量、种植面积及化肥施用量

复种指数大，农田养分消耗量大；加之中低产土壤面积大，肥力水平不高，土壤养分缺乏现象较为普遍；同时安徽省稻麦轮作区盲目施肥现象仍较为严重，化肥施用量偏大，尤其是氮、磷肥投入量高于全国平均水平。以上现状使得安徽省稻麦轮作区施肥中存在以下问题：

①作为土壤肥力基础的有机质提升不明显，土壤肥力的培育跟不上产量的提高；

②肥料施用结构不平衡，出现了土壤供肥状况失衡；

③化肥过量施用，导致土壤酸化、通气透水性等理化性状恶化；

④不合理的轮作制度造成农业生产过程中耕地用养失调，也导致土壤肥力出现下降；

⑤肥料施用方法和时期不合理，浪费与损失严重，不仅导致了作物生产潜力得不到应有的发挥，稻麦总产水平不高，而且还带来严重的环境污染；

⑥在化肥利用率偏低、肥料资源浪费现象严重的同时，秸秆等丰富的有机肥资源未能充分利用。

（二）稻麦两熟精准施肥技术要点

1. 测土配方施肥技术

(1) 要点。 以土定肥，结合目标产量，严格控制总量；施足基肥，合理施用追肥。

(2) 具体操作及指标。 根据土壤养分丰缺状况，安徽不同稻麦轮作区中，淮北地区应注意氮肥的施用，沿淮及江淮地区更注重磷肥施用。

小麦不同生育期中，植株氮磷钾养分累积量表现为前期累积较少，中期累积最多，后期累积量较多而钾累积量减少，其中拔节—抽穗阶段氮磷钾累积吸收量最大，此阶段充足的养分供应是小麦高产关键。

安徽不同稻麦轮作区小麦季具体施肥总量推荐如表2-7、表2-8：

表 2-7　安徽省淮北地区小麦季施肥推荐指标

全氮分级 （g/kg）	推荐用量 （kgN/亩）	有效磷分级 （mg/kg）	推荐用量 （kg P_2O_5/hm²）	速效钾分级 （mg/kg）	推荐用量 （kg K_2O/hm²）
低<1	210	低<10	90～120	低<90	120～150
中 1～2	150～210	中 10～25	45～90	中 90～180	45～120
高>2	120～150	高>25	45	高>180	0～45

表 2-8　安徽省沿淮及江淮地区小麦季施肥推荐指标

全氮分级 （g/kg）	推荐用量 （kg N/hm²）	有效磷分级 （mg/kg）	推荐用量 （kg P_2O_5/hm²）	速效钾分级 （mg/kg）	推荐用量 （kg K_2O/hm²）
低<1.5	180～210	低<10	90～135	低<50	90～120
中 1.5～2.5	120～180	中 10～20	45～90	中 50～150	30～90
高>2.5	90～120	高>20	45	高>150	0～30

稻麦轮作中，水稻季根据目标产量和地力水平确定氮肥推荐用量。对于磷和钾，采用恒量监控技术。根据土壤有效磷和速效钾含量水平，以保障磷钾养分不成为获得目标产量的限制因子为前提。

高产水稻各生育阶段氮、磷、钾养分吸收总量的比例以拔节至抽穗期最高，水稻拔节前也应注意养分供应，以利于取得高产。

安徽不同稻麦轮作区水稻季施肥总量推荐如表2-9：

表 2-9　安徽稻麦轮作区水稻季磷肥推荐用量（以中籼稻为例）

目标产量 （kg/hm²）	全氮 （g/kg）	氮肥用量 （kg N/hm²）	有效磷 （mg/kg）	磷肥用量 （kg P_2O_5/hm²）
7 500	<0.5	210.0	<5	75.0
7 500	0.5～1.0	180.0	5～10	60.0
7 500	1.0～1.5	150.0	10～20	45.0
7 500	1.5～2.0	120.0	20～30	30.0
7 500	>2.0	90.0	>30	不施或少施
9 000	<0.5	255.0	<5	120.0
9 000	0.5～1.0	225.0	5～10	90.0
9 000	1.0～1.5	195.0	10～20	60.0
9 000	1.5～2.0	165.0	20～30	30.0
9 000	>2.0	135.0	>30	不施或少施

（续）

目标产量 （kg/hm²）	全氮 （g/kg）	氮肥用量 （kg N/hm²）	有效磷 （mg/kg）	磷肥用量 （kg P₂O₅/hm²）
10 500	<0.5	不建议追求高产	<5	135.0
10 500	0.5~1.0	285.0	5~10	105.0
10 500	1.0~1.5	255.0	10~20	75.0
10 500	1.5~2.0	225.0	20~30	45.0
10 500	>2.0	195.0	>30	不施或少施

表 2-10　安徽稻麦轮作区水稻季钾肥推荐用量（以中籼稻为例）

肥力等级	速效钾 （mg/kg）	钾肥总量 （K₂O kg/hm²）	基肥用量 （kg/hm²）	穗肥 （kg/hm²）
极低	<60	150.0	120.0	30.0
低	60~80	120.0	84.0	36.0
中	80~120	90.0	63.0	27.0
高	120~160	60.0	30.0	30.0
极高	>160	不施或少施	不施或少施	不施或少施

注意事项

①高产超高产水稻磷肥以基施最好，钾肥在移栽前和拔节前按各占50%～70%、30%～50%的比例进行施用；②基础地力（全氮、有机质等）过低的土壤，不建议通过盲目施用化肥的手段追求水稻季高产，应以土壤培肥改良为首要任务。

2. 精准施肥技术

（1）水稻机械化秧肥同步一次性施肥。

①要点。水稻插秧机配带深施肥器，在水稻插秧的同时将肥料施于秧苗侧位土壤中。同时可以结合一次性施肥技术和同时应用树脂包膜控释肥等产品技术，使肥料养分的释放和水稻需肥规律相吻合，实现一次施肥满足水稻全生育期养分需求，实现水稻施肥机械化、轻简化和精准化（图 2-13）。

②具体操作及指标。施肥方法和位置：采用机械穴深施技术，机插秧的同时，肥料机械施入秧根斜下方 3～5cm。

肥料产品特点：一是复合肥氮磷钾配比符合水稻养分需求规律和当地土壤养分供应特征；二是特殊膜材与工艺，包膜肥料在水中不漂浮；三是缓释 N 含量≥13%，缓释期养分释放同步水稻氮素营养需求。

> **注意事项**
>
> 　　机插稻插秧后要保持浅水护苗，湿润立苗，薄水分蘖，促早返青、早分蘖。实践中必须保证田块精细平整，田面水层控制在 1～3cm。

图 2-13　水稻机械化秧肥同步一次性施肥（安徽省农科院土肥所孙义祥 摄）

（2）小麦叶面肥喷施技术。

①要点。叶面喷施氮肥吸收快，肥料利用率高，对小麦籽粒品质的影响较大。在小麦的生育后期适当的喷施水溶性肥料可以显著改善强筋小麦的品质。同时针对安徽大部分的小麦种植区微量元素缺乏及其他生产不利天气现状，可以酌情喷施中微量元素及磷钾肥水溶剂。

②具体操作及指标。在抽穗至孕穗期，每亩用 0.5～1kg 尿素兑水 25～50kg 均匀喷洒，可缓解叶片发黄呈早衰趋势；或在开花期喷施，可有效提高小麦籽粒质量。在抽穗至灌浆期，每亩用 0.1kg 磷酸二氢钾兑水 30kg 均匀喷洒，可明显增加粒重，也可起到抵御干热风的作用。实际生产中可根据实际情况，采用商品复合叶面肥，或配合病虫害防治一起喷施；有条件的地区可以使用无人机等喷施方式。

> **注意事项**
>
> 　　喷肥最好选择在无风的阴天，晴天宜在 16：00 之后；喷肥 24h 内遇到雨淋应注意补施；小麦扬花阶段，尽量错开上下午开花高峰期。

3. 有机肥养分资源合理利用技术

(1) 有机肥替代化肥。

①要点。通过基施有机肥,替代部分化肥,达到化肥减量,同时兼顾培肥地力的效果。

②具体操作及指标。

◆施用时间:在水稻、小麦种植前一次性基施。

◆施用量:一般按照养分等量替代原则,

图 2-14 小麦喷施磷酸二氢钾防干热风

按照有机肥氮磷钾养,替代比例以 20%~40%为宜(如有机肥含氮量 1.5%,水稻/小麦季每亩施纯氮 15kg,减少化学氮肥 20%情况下,每亩需施用有机肥=15×20%÷1.5%=200kg)。

◆施用方法:有机肥撒施至田间后,结合翻耕整地均匀翻压至耕层中,一般翻耕深度 15cm 以上。水稻季施基肥后 10d 内注意不排水,减少养分流失。

注意事项

①有机肥普遍肥效较慢,第一个轮作周期内可适当增加施用量;②一般植物源(秸秆、豆粕等植物残体加工)有机肥肥效慢,养分等量替代在 2、3 年内可能无法取得较好的替代效果,动物源(畜禽粪)有机肥替代化肥效果相对较好;③畜禽粪不建议直接施用,需经过腐熟堆肥等无害化处理,或购买加工后的商品有机肥;④考虑到有机肥成本问题,建议在优质水稻/小麦生产中使用,或畜禽粪资源丰富的地区酌情采用。

图 2-15 不同形态有机肥

（2）秸秆还田。

①要点。秸秆作为重要的生物资源，含有大量氮磷钾养分。通过合理的秸秆还田措施，减小秸秆还田对下茬作物苗期生长的影响，起到资源原位循环利用、培肥土壤等效果，并减少化肥施用及环境污染。

②具体操作及指标

◆碎草匀铺：水稻/小麦收获时选用合适的收获机械，按要求切碎或粉碎秸秆，切碎长度一般≤10cm，切碎长度合格率≥90％；同时在收割机上加装匀草装置，使秸秆能均匀抛撒开，抛洒不均匀率应≤20％，否则用人工补耙匀。

◆深埋还田：根据田块特点，选用不同机械深耕犁作业，实现土草混匀，减轻或消除因稻秸分布过浅对后茬小麦/水稻幼苗生长的影响。一般翻耕深度15～20cm，有条件地区可使用大马力机械。

◆培肥机播：秸秆还田后，在基施高产要求的基肥用量的基础上，增施尿素112.5kg/hm，以弥补秸秆在田间腐熟过程中对氮素的消耗，减轻幼苗缺氮的影响；有条件地区可增施秸秆腐熟剂，进一步加快秸秆腐解。

③替代效果：在水稻-小麦季化学氮肥用量为180kg/hm²、210kg/hm²时，秸秆还田后可减少化肥中25％的磷钾肥施用量，同时稻麦轮作周年产量持平或略有增加。

注意事项

①实施秸秆还田后，注意"后氮前移"，可适当减少水稻季分蘖肥/小麦季拔节肥比例，防止作物贪青晚熟或后期茎秆倒伏；②水稻秸秆也可采用免耕覆盖还田的方式，但要注意均匀覆盖，秸秆切碎、抛洒等参数要求不变。

图 2-16　稻收割-秸秆粉碎抛洒一体化

4.稻麦轮作制下磷钾肥周年运筹技术

（1）要点。总量恒定情况下，综合考虑植物吸收及通过轮作周期内水稻季与小麦季间磷钾肥比例的调节、土壤养分供应协调，水旱两季兼顾，使养分间的相互作用达到最大，促进作物产量的提高。

由于化学氮肥肥效较短，一般在当季内运筹，不加入稻麦轮作周年运筹。

（2）具体操作及指标。以江淮间稻麦轮作高产田为例，每一轮作周期内，小麦纯N用量$180kg/hm^2$，水稻季纯氮（N）用量$280kg/hm^2$，磷肥（P_2O_5）周期总用量为$120kg/hm^2$，钾肥（K_2O）周期总用量为$150kg/hm^2$。

氮肥分3次施入，60％作基肥，20％作小麦拔节/水稻分蘖肥，20％作穗肥。

磷钾肥均在移栽或播种时一次性施入。其中小麦季施70％磷，施30％钾；水稻季施30％磷，施70％钾。

5.合理轮作下生物培肥技术

（1）要点。以稻麦轮作为主体，适当调整部分年份的轮作，通过油菜、豆科绿肥等养地植物的补充，达到培肥土壤，减少后茬作物化肥施用等效果。

（2）具体操作及指标。①用绿肥替代部分固定的旱作茬口，实行规则的多年轮作，如二年三粮一肥和四年五粮三肥等。或在长期稻麦轮作种随机插入部分绿肥茬口，水稻季可以夏季绿肥替代，小麦季可用冬季绿肥替代；或者在旱作周边地块种植绿肥，采取空间轮作方式。②绿肥品种选择：适用于安徽稻麦轮作区的主要冬季绿肥有紫云英、苕子、箭筈豌豆，其中淮北地区建议使用苕子、箭筈豌豆；主要夏季绿肥有田菁、柽麻、乌豇豆、绿豆、猪屎豆等；油菜等作物也具有一定的养地作用，也可以用于替代部分冬季小麦轮作。③绿肥还田与化肥合理配施技术。以目前生产中最常用的冬季绿肥紫云英为例，每亩翻压鲜草1 500～2 250kg，后茬水稻一般可减少化肥用量20％～30％。

注意事项

①绿肥翻压还田后10～15d内尽量避免排水，减少养分损失；②由于绿肥养分的长期效应，注意适当的"后氮前移"；③正常油菜种植翻压后，一般不减少后茬小麦的氮肥施用，可以适当减少后茬小麦的磷肥用量。

五、气候智慧型小麦-水稻生产模式及实践效果

稻麦沟畦配套降渍减排的耕作技术按照"品种茬口优化-耕层水气调控-耕作技术

创新"的系统化解决思路，明确了延长水稻生育期，冬小麦晚播的作物适应原则；提出了小麦少耕、灭茬、条播和水稻深旋埋茬旱直播的改土降渍技术；构建了以沟畦配套技术为核心，集成耐湿耐温的抗性品种、秸秆全量还田、"少免耕＋深旋"轮耕、厢沟浸润灌溉、化肥精量减施的丰产减排耕作技术体系。该技术具有节本增效、增产增收、节能减排的效果，深受农户和新型经营主体欢迎。

（一）技术要点

1. 水稻季

（1）前茬适时收获，秸秆全量粉碎还田。 当前茬小麦成熟度达到 $90\%\sim95\%$，籽粒含水量$\leqslant20\%$时，抢晴收获。采用具有秸秆粉碎功能并带有抛洒装置的半喂入式联合收割机进行收获，秸秆粉碎长度$\leqslant10cm$，粉碎后秸秆均匀覆盖地表，秸秆覆盖率$\geqslant80\%$，留茬高度$\leqslant10cm$，以提高秸秆还田率和还田效果，增加土壤有机质含量，实现土壤增碳。同时，还可避免后期耕种过程中秸秆拖堆、漏肥、漏种，影响出苗质量。

（2）选择高产、低碳排放、抗逆性强的优质水稻品种。 针对水稻季甲烷排放高、孕穗期高温、灌浆后期阴雨寡照导致的穗发芽和倒伏等问题，应选用低碳排放、耐高温、耐穗发芽、抗倒伏的高产优质品种，生育期 $140\sim160d$ 为宜，各区域品种生育期选择因地而异。所选品种应达到国家大田用种种子质量标准以上，种子要经过精选和包衣剂处理。

（3）适期早播，确保全苗和安全齐穗。 气候变暖导致稻麦两熟区水稻成熟期延长 $10\sim15d$。因此，在满足连续三天平均气温稳定超过 $12℃$ 的前提下，适时早播。若选用晚熟品种，一般于 6 月上旬至下旬进行直播，中熟品种最迟播期不迟于 6 月 20 日，早熟品种不迟于 6 月 25 日。常规稻播量为每亩 $3\sim5kg$，杂交稻每亩 $1.5\sim2kg$，各地区按照当地实际情况适量增减。

（4）深旋埋茬种肥一体化播种作业。 针对水稻分蘖期土壤氧化还原性差、甲烷排放高等问题，采用稻麦施肥播种一体机，进行土壤旱整地、深旋埋茬、机械条播及施肥作业一次完成，行距 $15\sim20cm$，旋耕作业深度 $15cm$ 左右。耕深稳定性$\geqslant90\%$，播种深度 $3cm$ 左右，秸秆入土率$\geqslant90\%$，无拖堆。作业过程中要严把播种质量关，做到行距一致，下籽均匀，镇压密实，无亮种、堆种现象，保证地表平坦，以促进土壤有机质提升。

（5）化肥精准施用，减量减排。 结合播种机设计，化肥采用深施的方法，化肥机械深施 $8\sim10cm$，所施化肥控制在种子侧下方约 $5cm$ 处，且播种后地表无漏肥、堆肥。较传统施肥模式，减少氮肥 15% 左右，总用肥量纯氮每亩 $18\sim22kg$，P_2O_5 每亩 $8\sim10kg$，K_2O 每亩 $8\sim12kg$，氮肥基追比 6∶4 为宜，以"前稳中控后促"方式进行施肥，即施足基肥、不施分蘖肥、追施穗肥，从而提高氮肥利用效率，降低氧化亚氮排放。各区域用肥量因地而异。

（6）沟畦配套，浸润灌溉，增氧减排。 为达到水稻季控水增氧效果，固定田间厢面，开设灌排丰产沟，其上宽 30cm，下宽 20cm，深 15cm，每两条灌排丰产沟间的厢面宽 3m，每隔 25～30m 开横沟，沟宽 20cm，沟深 15cm 左右。整个生长季进行厢沟浸润灌溉，苗期保持浅水层 2～3cm，促进水稻活棵和分蘖快发；分蘖盛期和拔节期保持丰产沟内满水，厢面无明显水层；穗分化和孕穗期保持浅水层 2～3cm，促进穗发育；灌浆期进行干湿交替保持土壤湿润，既有利于水稻物质积累，又可提高耕层含氧量，促进甲烷氧化，实现甲烷减排。

2. 小麦季

（1）水稻适时收获，秸秆全量粉碎还田。 当水稻成熟度达到 95%，籽粒含水量 ≤25% 时，采用具有秸秆粉碎功能并带有抛洒装置的半喂入式联合收割机进行收获，秸秆粉碎长度≤10cm，粉碎后秸秆均匀覆盖地表，秸秆覆盖率≥80%，留茬高度≤10cm，以提高土壤有机质含量，实现土壤增碳。

（2）选择高产耐渍，抗病性强的小麦品种。 针对小麦播种前连绵阴雨、田间积水难排、机具下田作业困难，以及灌浆期高温逼熟及赤霉病危害等问题，选择氮高效、耐渍耐高温、抗赤霉病的高产小麦品种。生育期以 200～220d 为宜，各区域品种生育期选择因地而异。

（3）适时晚播，确保全苗和安全齐穗。 针对小麦耕种期土壤黏重、适耕性变差、渍害重，导致的小麦播期推迟，稻麦茬口衔接期和排水时间缩短等问题，冬小麦应 10 月中下旬左右适时晚播，且不应晚于 11 月 15 日，播量每亩 10～15kg。随播期推迟，播量应适当增加，11 月上中旬以"斤种万苗"进行调整。

（4）沟畦配套，改土降渍。 为达到小麦播种期及时排水降渍效果，固定水稻季田间厢面，清理丰产沟，保持上宽 30cm，下宽 20cm，深 15cm，每两条灌排丰产沟间的厢面宽 3m，每隔 25～30m 开横沟，沟宽 20cm，沟深 15cm 左右。播种期若田面积水，可及时清沟理墒排水，确保排水畅通，降低地下水位，保证出苗质量。

（5）少耕灭茬施肥一体化条播作业。 采用多功能复式作业小麦播种机进行土壤条带旋耕、施肥、播种一次性作业，种植行距 15cm，旋耕作业深度 8～10cm，旋耕带宽度 8cm 左右。播种深度 3～4cm，耕深稳定性≥90%。作业过程中要严把播种质量关，做到播行直、深浅合适。结合播种机设计，化肥施于旋耕带，氮肥基追比 6∶4 为宜，纯 N 总量每亩 14～20kg，P_2O_5 每亩总量 8～10kg，K_2O 每亩总量 8～10kg。

（二）技术示范推广情况

该技术先后在江苏、浙江等地进行多年示范验证，近 3 年累计推广面积 1 382.7

万亩，新模式周年增产 9.8%～13.5%，氮肥利用率提高 10.7%～15.7%，增收 12.1%～16.3%。相关成果于 2015 年获农业部中华农业科技奖二等奖，2018 年中国农学会评价认为该技术"成果总体处于国际先进，其中作物响应机制和改土调墒耕作技术达到国际领先水平"。

（三）未来推广应用的适宜区域、前景预测和注意事项

1. 技术适宜推广应用的区域　该技术适宜于稻麦两熟主产区域江苏、安徽、浙江、湖北、成都平原以及河南南部等地区推广。

2. 技术未来前景预测　目前，该技术已在我国稻麦两熟区大面积推广应用。其中，长江三角洲水稻-小麦 60% 以上采用了沟畦配套轮耕技术，大幅度降低了生产成本，提升了稻麦产业的竞争力。另外，该技术已被纳入农业农村部等部和省级主管部门的主推技术内容。总之，该技术可为我国其他粮食主产区作物生产适应气候变化，实现周年丰产减排提供技术支撑。

3. 技术推广中需要注意的事项

①该技术适宜于壤性土质，对于偏黏性的土质（如砂姜黑土），作业效果会受影响，尤其是耕种时，对土壤含水率的要求比较高，因此在该类地区应严格控制茬口期的灌排。

②该技术对播种施肥一体机和播种质量的要求高，应尽量选择适合本地区生产模式的播种机具。

图 2-17　小麦少免耕灭茬条播苗期

图 2-18　水稻旱直播浸润灌溉苗期

第三章
气候智慧型小麦-玉米生产实践

一、中国小麦-玉米生产的重要性

黄淮海平原是我国最大的平原，是我国重要的农业生产基地，除北方部分地区外，大部分地区采用一年两熟的复种方式（冬小麦-夏玉米）。近年来，小麦在黄淮海平原的播种面积占全国的40%左右，产量约占全国的50%；玉米播种面积占全国的30%左右，产量占全国的30%以上，对保障我国粮食安全有着重要的意义。在气候变暖日益加剧，土壤养分、作物生育期、作物品种都发生变化的情况下，黄淮海平原小麦-玉米轮作制度势必会受到很大影响。因此，研究全球气候变化下，气候因子与该区域内冬小麦-夏玉米轮作的内在联系与机制，制定相应的措施与政策，以期减弱或消除未来气候变暖对该区农业生产的影响，保障农业高效持续发展与我国未来的粮食安全。

在过去的生产中，普遍采用的过度依赖增加各种农业投入的发展模式已难以应对中国所面临的人口增加、耕地和水资源不足、水土流失、自然灾害、环境污染和气候变化等多方面挑战，而且这种生产模式显然是不可持续的。因此，在保障粮食主产区的粮食产量前提下推广应用节能与固碳技术、土壤与水肥优化技术、农机农艺结合技术，提高土壤肥力和生产力、减缓土壤中温室气体的排放，已成为中国保持农业可持续发展的重要战略选择。

二、气候智慧型小麦-玉米生产技术体系

（一）河南小麦提质增效栽培关键技术

1. 栽培技术的适应性对策

（1）"三七"变"七三"。在栽培技术的理念上，由原来的三分种、七分管转变为七分种、三分管，以适应现在小麦生产和农村劳动力实际。近几年的生产实践也证明

了这一点。

（2）早晚适期播。播期问题争论较多，温度升高使得早播容易出现旺长冻害、倒伏，晚播又出现出苗不好、寒旱交加等灾害，农户无所适从。因此，在适期内根据品种、墒情、天气适期播种，而不能武断地提出早播或晚播。

（3）精稀改适量。在精细整地和土壤墒情良好的情况下推行精量、半精量播种，严格控制播量。但在秸秆还田和旋耕、土壤壃松翘空的地块，要根据整地质量定播量，应该在研究出苗率的基础上加"足"播量，保证足够的基本苗。

（4）预防当为先。在我们的生产实践中，大部分基本上以防治为主，真正落实预防为主的并不多，导致病虫害发生后再去防治效果不佳。另外前些年发生较轻的一些次生病虫害，近几年也大面积发生，上升为主要病虫害。因此，应从土壤处理、药剂拌种和苗期药剂喷洒等预防手段着手，变被动为主动，方能将病虫害对小麦产量造成的损失降到最低限度。

（5）避减防未然。目前生产上提得更多的是"抗灾减灾"，主要针对灾害采取抗灾和减灾应急措施，譬如近几年全面动员，连续取得了抗特大干旱、抗持续低温等灾害的胜利，为实现河南省小麦 9 连增做出了巨大贡献。但这样的战斗同样也付出了极大的代价，包括人力、物力、财力的支出。因此，如果能在基础设施、小麦生产的基础阶段采取一定的"避灾减灾"技术措施，提高抵御灾害的能力，那么抗灾减灾也会变得主动自如。

（6）规程要简单。随着生产、生态条件和品种的改变，一些原来的研究成果，譬如苗情的诊断，"一类苗、二类苗、三类苗"和"假旺苗、旺苗、壮苗、弱苗"的概念，与现实生产情况就不十分吻合；生产上的旱灾是天旱、地旱还是苗旱，发生冻害的苗情状态与温度高低、温差大小、低温持续时间的关系等，含义不一样，标准不一致，如使技术人员指导生产时难以判断，农民群众就更不好应用。需要重新系统地研究，形成直观、简单易行的标准。

2. 合理应变，和谐发育　小麦丰收的关键之一在于处理好"源""库""流"的关系。扩源增库，和谐统筹，才能取得整体产量的提高。狭义的源是指植株的绿色部分，包括绿色的叶、叶鞘、茎、穗、芒等器官所合成的光合产物。这些绿色部分是源的器官，合成的产物才是源，供应库的需要和各种消耗的需要。广义的源是指直接、间接地供应库和植株生长发育消耗的有机和无机养料。广义的源不仅包括绿色的叶、鞘、茎、穗、芒，还包括有机、无机养料临时或长期的供应器官。库是指光合产物的储存能力和积存器官。狭义的库是指经济产量的穗粒，广义的库是指暂时或永久集纳和需要养料的部分和器官。流是源与库间的输导系统，是指作物植株体内输导系统的发育状况及光合同化物的转运能力，运输能力大小对作物产量也有重要的作用。

此外，夯实"两个基础"（即播种基础和冬前壮苗基础）也是小麦后期良好发育的关键。播种至冬前是小麦产量形成的基础，其中，播种基础是牵动全局性的关键措施，打好这个基础，年前就可以培育壮苗，并为全生育期争取主动。因此，一定要高质量整地播种，奠定好基础，促苗健壮生长，实现"冬壮"，保苗安全越冬。

3. 适期、适量，及时足墒、均匀播种　播期根据品种特性和地域生态条件，确定适宜播期。在精细整地、足墒下种的前提下，半冬性品种豫中北一般可在10月6～13日、豫南10月15～23日播种；春性品种豫中北10月13～23日、豫南地区10月20～25日播种。

播量在适宜播期范围内，早茬地种植半冬性品种每亩播量8～10kg；中晚茬地种植弱春性品种每亩播量10～15kg。晚播适当加大播种量。

足墒播种小麦生产实践证明，足墒播种是夺取来年小麦丰收的一项重要措施。其优势主要表现在：①种子发芽快。②种子发根多。③分蘖早、快。

精细匀播，充分发挥个体增产潜力：下种均匀，深浅一致，播深4～5cm。

播种存在的问题：播量大、播期早，导致大群体、大倒伏、病害重、穗小粒少、粒重降低；高产麦田播种不均匀，缺苗断垄和墩堆苗现象严重；旋耕播种和秸秆还田麦田播种过深，造成分蘖缺位和深播弱苗。

4. 施足底肥、合理追肥，科学测土配方施肥　研究表明，每生产100kg小麦籽粒，约需N（3.1 ± 1.1）kg、磷（P_2O_5）（1.1 ± 0.3）kg、钾（K_2O）（3.2 ± 0.6）kg，三者的比例约为2.8：1：3.0，但随着产量水平的提高，氮的相对吸收量减少，钾的相对吸收量增加，磷的相对吸收量基本稳定。根据北方冬小麦高产单位的经验，在土壤肥力较好的情况下（0～20cm土层土壤有机质1%，全氮0.08%，水解氮50mg/kg，速效磷20mg/kg，速效钾80mg/kg），产量为每公顷7 500kg的小麦，大约每公顷需施优质有机肥45 000kg，标准氮肥（含氮21%）750kg左右，标准磷肥（含P_2O_5 14%）600～750kg。缺钾地块应施用钾肥。

第一，增施有机肥。

第二，合理施肥，以产定肥。

第三，分期施肥，"前氮后移"。有机肥、磷肥、钾肥全部底施，50%的氮肥作底肥，50%的氮肥于起身期或拔节期追施。

第四，分层施肥，底施氮肥的1/3撒垡头，其余深施翻入犁底。

5. 做足底墒、浇好三水　足墒播种，浇好底墒水、拔节水、灌浆水。小麦生产实践证明，足墒播种是夺取来年小麦丰收的一项重要措施。这是因为在足墒条件下：①种子发芽快。②种子发根多。③分蘖早、快。灌浆水在开花后5～10d浇最好，开花15d后绝对不能再浇水，否则会造成氮素流失、倒伏、早衰，影响籽粒灌浆，降低品质。

6. 抓好"春管"是关键 通过科学水肥管理，处理好春发与稳长、群体与个体、营养生长与生殖生长和水肥需求临界期与供应矛盾，搭好丰产架子。

①春季小麦的根、茎、叶、蘖、穗等器官进入旺盛生长阶段，不仅对水肥需要量多，且对气候反应异常敏感，此期小麦生长很快，"过时不候"，错过了关键管理期难以弥补。所以春季是小麦管理的关键时期，也是培育壮秆、多成穗、成大穗的关键时期。

②小麦春季生长具有生长发育快（返青、起身、拔节、孕穗、挑旗）、气温变化大（忽高忽低，常出现倒春寒）、矛盾多（地上与地下、群体与个体、营养生长与生殖）、苗情转化快（管得好，弱苗和旺苗可转为壮苗；管得不好，壮苗会转成弱苗和旺苗）的特点。

③春季麦田管理一定要处理好春发与稳长的关系（春稳），即高产麦田应先控后促，促麦苗稳健生长，促穗花平衡发育，促两极分化集中明显，培育壮秆大穗，搭好丰产架子。尤其是拔节期管理很关键，后期出现的许多问题均由此时期形成。

7. 时效防控，全程保健 小麦常见病害主要有锈病、叶枯病、蚜虫、白粉病、全蚀病、赤霉病、纹枯病等。

"一拌三喷"技术："一拌"就是把好小麦播种时的拌种关，在播种前用广谱杀虫剂和杀菌剂复合拌种，既可防治小麦地下害虫，又可防治在苗期发生的锈病、全蚀病、纹枯病、黄矮病等。播种前精选种子，选晴天晒种1～2d再进行包衣拌种。近几年小麦种子包衣技术应用区域迅速扩大，合格的种子包衣剂一般含有杀虫、杀菌剂两种主要活性成分，不仅可以防治种子和幼苗遭受地下害虫的危害，而且还有壮苗的作用，且可控制小麦苗期和春季病害的发生程度。"三喷"是指在小麦拔节期到灌浆期根据病虫发生情况，采用杀虫剂、杀菌剂和微肥混合喷施，即可防治小麦蚜虫和吸浆虫等虫害，又可防治各种病害的发生和后期干热风。

抓住关键，管好麦田；节本简化，保优增效。出苗—拔节应围绕培育壮苗为核心；拔节—开花应以促进小穗小花分化、减少退化，协调群个体矛盾为核心；开花—成熟应以促进灌浆，延缓衰老，提高粒重为核心。

① "两肥"。第二节伸长施肥、药隔形成期施肥。

② "三水"。底墒（或越冬）水、拔节水、灌浆水。

③ "三防"。防杂草、防病虫害、防早衰。

（二）小麦高产高效施肥技术

小麦生产从土壤中吸收带走养分，使土壤中养分减少，因此，施肥是培肥地力，实现小麦稳产高产的重要措施。在灌溉、耕作等相对稳定的前提下，作物产量随施肥量的增加而增加，当超过一定限度后，随施肥量的增加反而减产；另外，小麦的产量也会受到土壤中各种养分含量的制约以及作物生长发育过程中各种自然灾害的影响，因此，实现小麦高产应掌握以下施肥技术。

1. **测土配方施肥**　通过分析土壤中各种养分的含量对土壤做出评估，再根据评估结果拟定出科学合理的施肥计划，让小麦得到最合理的肥料供应。另外，根据产量定需肥量，在达到预期产量的同时，又不浪费肥料。

2. **"前氮后移"技术**　小麦全生育期所需的氮肥中，底肥施用量减少到50％以下，追肥使用量增加到50％以上。对于土壤肥力高的麦田，底肥施30％～50％的氮肥，追肥施50％～70％的氮肥。同时，将春季追肥的时间推迟至拔节期，肥力高的地块可推迟到拔节期至旗叶露尖时。小麦前氮后移高产栽培技术适合在土壤肥力较高的麦田中采用，晚茬麦田和群体不足的麦田不宜采用。

3. **均衡施肥**　小麦从分蘖到越冬，麦苗虽小，但吸氮量却占全部吸氮量的12％～14％，另外，磷肥对小麦生根、增加分蘖有显著效果，并且可以明显增加小麦的抗寒、抗旱能力，充足的钾素供应可以使植株粗壮、生长旺盛、有利于光合产物的运输，加速籽粒灌浆。但任何肥料都不是越多越好，氮肥过多会导致作物贪青晚熟、倒伏减产；磷肥过多导致小麦品质下降；钾素过多则会阻碍其他元素的吸收，常表现为缺钙、缺镁等症状。

4. **增施有机肥**　长期单施化肥会导致土壤性状恶化、农产品品质下降、环境污染等问题。适量增施有机肥可以改善土壤土质情况，有利于农业的可持续发展。有机肥不仅营养全面，而且具有较长的肥效，促进土壤中微生物的繁殖，降低增施化肥所引起的土壤板结化程度，有效改良土壤性状。另外，秸秆粉碎还田、根茬粉碎还田和整秆翻埋还田、秸秆堆腐还田等秸秆还田方式，具有便捷、快速、低成本、大面积培肥地力的优势，也是一项较为成熟的技术。

5. **深施基肥**　小麦化肥深施机械化技术是指使用化肥深施机具，按农艺要求的品种、数量、施肥部位和深度适时将化肥均匀地施于土壤中的实用技术。它包括耕翻土地的犁地施肥技术、播种时的种肥深施技术和小麦生长前期的开沟深施追施技术。氮肥深施可以防止氨的挥发，磷肥、钾肥深施有助于作物根系吸收。北方区域相对来说降水量较小，在小麦播种前将有机肥和化肥撒施后耕翻入土，实现一次性深施，可以提高肥效。

6. **适时追肥**　冬小麦拔节到抽穗期，生长旺盛，吸收养分能力强，需要适时追施氮肥，以满足小麦对营养元素的需要，获得最佳的施肥效果。另外，追肥时间也要根据小麦长势而定，如果小麦分蘖少，苗情不好，可以适当地早施拔节肥，如果苗情好，分蘖情况也好，则可以适当地晚施。

7. **叶面喷肥**　小麦生长后期，根部吸收能力变弱，此时叶面施肥更加有效。喷施肥料的品种和浓度依据小麦生长情况及气候等具体情况来定。如出现叶色发黄，脱肥早衰，可用 1％～2％ 的尿素溶液叶面喷施。小麦缺磷时，根系发育受抑制，下部叶片暗无光泽，叶片无斑点，严重缺磷时，叶色发紫，光合作用减弱；小麦缺钾时，植株生长延迟，茎秆变矮而且脆弱易倒伏，叶片提前干枯。对缺磷或缺钾的麦田，可喷施 0.2％～0.3％ 的磷酸二氢钾溶液。另外，由于每年 5 月份北方天气多干热风，此时为了防治干热风危害，可以适量喷施 0.2％ 磷酸二氢钾叶面肥 1～2 次，有助于提高千粒重。

8. 巧施微肥 对锌、硼等微量元素，小麦需用量很少，但对小麦的生长起着不可替代的作用。补锌，一般每亩施用硫酸锌 1～2kg 左右，与基肥混合施用；如果作叶面肥可在小麦苗期或拔节期喷施，用 0.2％ 的硫酸锌溶液，亩喷 40～50kg，硼肥可每亩施硼砂 0.5kg。

除了以上施肥技术，微灌水肥一体化节水高产技术也是一项高产高效施肥技术，该技术综合了水分和养分管理的现代化农业生产措施，具有节水、节肥、省工、高效等特点。由于我国的水肥一体化技术研究起步较晚，目前，以设施农业为主，在大田作物上的应用仍在研究阶段。

（三）高产土壤特征与培肥技术

我国农业对土壤的利用方式十分复杂，地质地块等因素也决定了各个地方对肥沃土壤的标准不同。但是，肥沃土壤的标准也是有共性的。

1. 高产土壤的质量特征

（1）耕层有机质和养分丰富。 有机质含量高，土壤结构和理化性状好，能增强土壤保水保肥性能，较好地协调土壤中肥、水、气、热的关系。根据研究与生产调查统计，高产麦田的土壤有机质含量至少在 1.2％ 以上。含氮量≥1g/kg，速效氮≥80 mg/kg，有效磷≥20 mg/kg，缓效钾≥0.2 g/kg，速效钾≥130 mg/kg。

（2）耕层厚度。 加深耕作层，能改善土壤理化性能，增加土壤水分涵养，扩大根系营养吸收范围，从而提高产量。有研究表明，在原有耕作层 12～15cm 的基础上，加深到 18～22cm，当年小麦可增产 10％ 左右。就目前条件看，高产麦田耕地深度应确保 20cm 以上，能达到 25～30cm 就更好。

（3）土壤容重。 高产麦田的土壤容重为 1.14～1.26，空隙率为 48.6％～55.9％。上层疏松多孔，水、肥、气、热协调，养分转化快，下层紧实有利于保肥保水，最适宜高产小麦生长。

（4）土壤质地。 土壤矿物类型以及黏粒含量的反映指标，也是土壤结构的重要表征指标。土壤质地过砂，漏水漏肥，水肥保持性能差；土壤质地过黏，往往适耕性差，排水不畅，养分供应强度不够。尤其是土壤中存在大量蒙脱、云母等 2:1 型矿物时，有效养分容易固定从而变为无效。

（5）**土体构型**。土体构型影响土壤水分养分运移、作物根系下扎以及土壤微生物活性，高产土壤要求有良好的土体构型，即：上砂下黏。

2. 我国麦区土壤的肥力现状　农田氮盈余不断提高，偏施氮肥，造成氮素肥料流失快，利用率低，氮素供给过量，小麦易表现为叶片肥大、旺长、茎秆软弱，后期则表现叶色浓绿、贪青、晚熟、倒伏、易染病害等。

农田中磷盈余不断提高，特别在黄淮海区域，磷肥具有在土壤中移动性小，又易被固定的特点。部分地区由于多年连续施用较多的磷素肥料，土壤中磷的含量已经处在较高水平，在这种情况下，可适当减少磷肥的施入量，避免造成浪费，减少环境压力。

在重施氮、磷肥的高产麦田，常常忽略钾肥，导致土壤中的含钾量不能满足小麦生长发育的需要，必须通过施钾肥补充。

随着小麦生产的发展，不少地方的土壤出现缺少微量元素的现象，尤以缺锌、硼、锰等微量元素较重，所以，适量补充微量元素肥料不可忽视。

耕层深度是土壤条件的基本特征，适合小麦生长的最低耕层深度在 22cm 以上。美国土壤深耕和深松标准为 35cm，而目前我国农田土壤耕层深度平均 16.5cm，黄淮海平原地区平均 17cm。

土壤容重既是土壤紧实程度的重要指标，也反映土壤有机质含量的高低与结构的优劣，作物根系生长适宜的土壤容重范围在 $1.1\sim1.3\mathrm{g/cm^3}$。我国农田 $5\sim10\mathrm{cm}$ 深度的土壤容重平均为 $1.39\mathrm{g/cm^3}$，大大高于作物根系生长适宜的土壤容重范围。耕层容重偏高，土壤严重紧实，不利于根系生长。耕作机械动力小，难以保持深厚耕作层，麦田播种前以旋耕方式作业的面积大。

不少土壤存在障碍因素，土壤贫瘠，耕层变薄，质地过黏，土壤紧实，耕层障碍物质，土壤渍害，土壤干旱，地块小而不平。

3. 高产土壤培育与地力提升

（1）**高产土壤培育的基本技术**。高标准农田建设，增施有机肥，作物秸秆还田，合理耕作与轮作，控制水土流失，平衡施用化肥。

（2）**高标准农田建设-中低产田治理**。将现代农业工程和信息技术（机、电、信）与现代农业科学技术（土、肥、水、种）完美结合，田成方，林成网，路成通，渠成连，井、桥、涵、闸、机、电、信综合配套，土、肥、水、种农业技术综合集成，低产变高产，高产变稳产。

（3）**增加有机肥**。将有机质和氮磷钾肥结合施用。

（4）**激发式秸秆还田**。有资料显示，每亩 50kg 鸡粪激发后，与常规施肥相比，产量增幅 16％左右。

（5）**坚持投入养分与带出养分相抵盈余**。投入养分即扩大贫瘠土壤养分库，带出养分即保持肥沃土壤养分库。土壤养分供给力的培肥标准（沈善敏）如下：

土壤氮素供给力：（不施肥时）土壤供氮量以不超过小麦高产的需氮量为上限，防止土壤矿化氮量超过此额度后造成氮淋失或反硝化损失。

土壤磷素供给力：以不超过小麦高产的需磷量为下限，保证土壤不会出现缺磷障碍，并扩大土壤中磷储备；土壤钾素供给力：北方土壤（富含 2：1 型矿物）以满足小麦高产的需钾量为下限，而南方土壤以满足小麦高产的需钾量为上限。

（6）合理耕作与轮作。加深耕层：避免长期旋耕、浅耕；平整土地、等高种植、地面覆盖—控制水土流失；秸秆多途径还田（覆盖、过腹、沼渣沼液、直接还田）；增施有机肥料和磷钾肥料，实现养分平衡；稻麦区渍害消减：机械开沟、沟渠配套、调整播种方式；旱区提高灌溉能力，发展蓄墒保墒和节水技术。

（7）平衡施肥技术。利用测土配方施肥技术，合理进行施肥推荐，氮肥推荐原则：总量控制；磷肥推荐原则：恒量监控；钾肥推荐原则：肥料效率函数；氮肥施用方法：分期调控；磷钾肥的施用：周年运筹。

（四）旱地小麦氮肥后移技术

1. 技术原理 氮肥后移高产优质栽培技术是将冬小麦底、追肥数量占比调整，春季追氮时期后移和适量施氮相结合的技术体系，是适用于强筋和中筋小麦高产、优质、高效相结合，生态效应好的栽培技术。

在冬小麦高产栽培中，氮肥的施用一般分为两次：第一次为小麦播种前随耕地将一部分氮肥耕翻于地下，称为底肥；第二次为结合春季浇水进行的春季追肥。传统小麦栽培，底肥一般占 60%～70%，追肥占 30%～40%；追肥时间一般在返青期至起身期。还有的在小麦越冬前浇冬水时增加一次追肥。上述施肥时间和底肥与追肥比例使氮素肥料重施在小麦生育前期，在高产田，会造成麦田群体过大，无效分蘖增多，小麦生育中期田间郁蔽，后期易早衰与倒伏，影响产量和品质，氮肥利用效率低。氮肥后移技术将氮素化肥的底肥比例减少为 50%，追肥比例增加至 50%，土壤肥力高的麦田底肥比例为 40%～50%，追肥比例为 50%～60%；同时将春季追肥时间后移，一般后移至拔节期，土壤肥力高的地块选用分蘖成穗率高的品种可移至拔节期至旗叶露尖时。

这一技术，可以有效地控制无效分蘖过多增生，塑造旗叶和倒二叶健挺的株型，使单位土地面积容纳较多穗数，形成开花后光合产物积累多，向籽粒分配比例大的合理群体结构；能够促进根系下扎，提高土壤深层根系比重，提高生育后期的根系活力，有利于延缓衰老，提高粒重；能够控制营养生长和生殖生长并进阶段的植株生长，有利于干物质的稳健积累，减少碳水化合物的消耗，促进单株个体健壮，有利于小穗小花发育，增加穗粒数；能够促进开花后光合产物的积累和光合产物向籽粒器官运转，有利于提高生物产量和经济系数，显著提高籽粒产量；能够提高籽粒中清蛋白、球蛋白、醇溶蛋白和麦谷蛋白的含量，提高籽粒中谷蛋白大聚合体的含量，改善小麦的品质。

2. 技术要点

（1）播前准备和播种。

①培肥地力及施肥原则。较高的土壤肥力有利于改善小麦的营养品质和加工品质，所以应保持较高的有机质含量和土壤养分平衡，培养土壤肥力达到耕层有机质1.2%、全氮0.09%、水解氮70mg/kg、速效磷25mg/kg、速效钾90mg/kg、有效硫12mg/kg及以上。在上述地力条件下，考虑土壤养分的余缺平衡施肥。一般总施肥量：每亩施有机肥3 000kg、氮肥14kg，磷（P_2O_5）肥10kg，钾（K_2O）肥7.5kg，硫酸锌1.5kg。有机肥、磷、钾、锌肥均作底肥，氮肥50%作底施，50%于第二年春季小麦拔节期追施。硫酸铵和硫酸钾不仅是很好的氮肥和钾肥，而且也是很好的硫肥。

②选用良种。选用经审定的优质强筋和中筋小麦品种，同时应具有单株生产力高、抗倒伏、抗病、抗逆性强、株型较紧凑、光合能力强、经济系数高、不早衰的特性，有利于优质高产。

③整地与播种。深耕细耙，耕耙配套，提高整地质量，坚持足墒播种、适期精细播种。

（2）田间管理。

①冬前出苗后要及时查苗补种。浇好冬水有利于保苗越冬，利于年后早春保持较好墒情，以推迟春季第一次肥水，增加小麦籽粒的氮素积累。应于立冬至小雪期间浇冬水，不施冬肥。浇过冬水，墒情适宜时及时划锄，以破除板结，疏松土壤，除草保墒，促进根系发育。

②春季（返青—挑旗）。小麦返青期、起身期不追肥、不浇水，及早进行划锄，以通风、保墒、提高地温，利于大蘖生长，促进根系发育，加强麦苗碳代谢水平，使麦苗稳健生长。

将一般生产中的起身期（二棱期）施肥浇水改为拔节期至拔节后期（雌雄蕊原基分化期至药隔形成期）追肥浇水。施拔节肥、浇拔节水的具体时间，还要依据品种、地力水平和苗情决定。在地力水平较高，群体适宜的条件下，分蘖成穗率低的大穗型品种，一般在拔节初期（雌雄蕊原基分化期，基部第一节间伸出地面1.5～2cm），分蘖成穗率高的中穗型品种宜在拔节中期追肥浇水。

③后期（挑旗—成熟）。挑旗期是小麦需水的临界期，此时灌溉有利于减少小花退化，增加穗粒数，并保证土壤深层蓄水，供后期吸收利用。如小麦挑旗期墒情较好，可推迟至开花期浇水。

小麦灌浆中后期土壤含水量过高，会降低强筋小麦的品质，所以，种植强筋小麦在开花后应注意适当控制土壤含水量不要过高，在浇过挑旗水或开花水的基础上，一般不再灌溉，尤其要避免麦黄水。

小麦病虫害均会造成小麦粒秕，严重影响品质。赤霉病、白粉病、锈病、蚜虫等是小麦后期常发生的病虫害，应加强预测预报，及时防治。

测定结果表明，蜡熟中期至蜡熟末期千粒重仍在增加，品质指标逐步提高，在蜡熟末期收获，籽粒的千粒重最高，籽粒的营养品质和加工品质也最优。应在蜡熟末期至完熟初期收获，提倡秸秆还田。

（五）化肥零增长的技术途径

化肥的大量施用，使氮素明显过剩，加剧了农业面源的富营养化程度。大量盲目施用化肥对土壤造成的污染主要表现为：一是土壤酸化。土壤 pH 平均从原来的 6.0 下降到 5.5，特别是蔬菜土壤酸化现象严重，许多 pH 降到 5.0 以下。二是土壤养分含量不平衡。特别是大棚蔬菜土壤中氮、磷、钾元素含量过多，会产生肥料盐害，抑制作物对钙、镁、锰、硼、锌等中量和微量元素的吸收。

1. 有机肥替代部分化肥施肥技术 有机肥包含畜禽粪尿、商品有机肥、有机废物资源化利用等。有机肥部分替代化肥可以显著降低秸秆对土壤原有有机质降解的激发效应，施用氮磷钾肥并没有改变秸秆诱导的激发效应，而氮磷钾＋有机肥则显著降低了激发效应。

2. 秸秆还田替代技术 秸秆含有丰富的有机质、氮磷钾和微量元素成分。实践证明，利用秸秆还田，能有效增加土壤有机质含量，改良土壤结构，培肥地力。

秸秆还田不仅可以节省大量的化肥投入，降低农业生产成本，而且可以培肥土壤，保持水土，避免因焚烧秸秆造成的大气污染，保护生态环境。秸秆直接还田是就地收割，就地利用，不需要堆制，让秸秆在土壤中分解腐烂，节省大量劳力。

3. 生物炭 以作物秸秆、玉米芯、花生壳、稻壳、烟秆、林业三剩物、废弃蘑菇盘（棒）等农林业废弃生物质为原料，在绝氧或有限氧气供应条件下，$400\sim700℃$ 热裂解得到的稳定的固体富碳产物。生物炭既有肥料的作用，又有改良土壤的效果。

①可使秸秆中的钾（5%）、硅（3%～10%）、镁等多种大量、中量、微量元素回田。

②增加土壤的孔隙度，改善土壤的通气、透水状况。土壤中增加 4% 的生物炭，土壤密度从 1.39% 减少到 1.20%。

③抑制土壤对磷的吸附，改善作物对磷的吸收。土壤中增加 4% 的生物炭，土壤对磷的吸附率为 22.3%，而未加生物炭土壤的吸附率高达 52.43%，土壤对磷的解析

则由 0.85% 提高到 22.81%。

④可修复重金属污染的土壤。土壤中加入 4% 的生物炭，小白菜叶中镉的含量减少 49.45 %，根中镉的含量减少 73.51 %。

⑤提高土壤地温 1～3℃，作物的成熟期可提前 3～5d。

⑥可提高土壤的持水能力，有良好的保水作用。土壤中增加 4% 的生物炭，土壤最大持水量从 37.7% 增加至 41.7%。

⑦秸秆炭的比表面积高达 $100m^2/g$ 以上，对土壤中的肥料和农药均有缓释作用，使肥料成为缓释肥。

⑧农作物秸秆炭制成复合肥回田，实现了秸秆从土壤中来，又回到土壤的循环，可以使土壤既肥沃又健康，实现农业土壤的长治久安。

4. 减少面源污染　减氮肥、调磷肥、稳钾肥施肥技术。过去是缺氮、少磷、富钾。当时的粮食产量很低，全国肥料产能也很低，各种物质匮乏，环境很好。目前是各种物质产能过剩，特别是氮肥生产远远超出农业生产需求。

5. 根据土壤结构、作物营养规律及肥料特性制定施肥方式　施肥分为施基肥和追肥两大类。基肥是指在种植作物前施入土壤中的肥料，主要是供给作物整个生长期中所需要的养分，也有改良土壤、培肥地力的作用，一般为有机肥料。追肥是指在作物生长季节追施的肥料，是为了供应作物某个时期对养分的大量需要，或者补充基肥的不足。

6. 大力开展新型肥料研制及使用技术研究推广　新型肥料有别于常规肥料，应该表现在如下几个方面或其中的某个方面：

①功能拓展或功效提高，如肥料除了提供养分作用以外还具有保水、抗寒、抗旱、杀虫、防病等其他功能，所谓的保水肥料、药肥等均属于此类，此外，采用包衣技术、添加抑制剂等方式生产的肥料，使其养分利用率明显提高，从而增加施肥效益的一类肥料也可归于此类。

②形态更新，是指肥料的形态出现了新的变化，如除了固体肥料外，根据不同使用目的而生产的液体肥料、气体肥料、膏状肥料等，通过形态的变化，改善肥料的使用效能。

③新型材料的应用，其中包括肥料原料、添加剂、助剂等，使肥料品种呈现多样化、效能稳定化、易用化、高效化。

④运用方式的转变或更新，针对不同作物、不同栽培方式等特殊条件下的施肥特点而专门研制的肥料，尽管从肥料形态上、品种上没有过多的变化，但其侧重于解决某些生产中急需的问题，具有针对性，如冲施肥、叶面肥等。

⑤间接提供植物养分，某些物质本身并非植物必需的营养元素，但可以通过代谢或其他途径间接提供植物养分，如某些微生物接种剂、VA 菌根真菌等。

新型肥料应满足的条件和特点：

（1）新型肥料必须适应市场需求，新近开发生产的产品，同时全部或部分符合下列条件。

第一，能够直接或间接地为作物提供必需的营养成分；

第二，调节土壤酸碱度、改良土壤结构、改善土壤理化性质、生物化学性质；

第三，调节或改善作物的生长机制；

第四，改善肥料品质和性质或能提高肥料的利用。

（2）特点。随着人口的增长，人类对粮食和农产品需求量增多，只有加快新型肥料的研发速度，才能保证农业生产沿着高产、优质、低耗和高效的方向发展。新型肥料特点：

①高效化。随着农业生产的进一步发展，对新型肥料的养分含量提出了更高的要求，高浓度不仅有效地满足作物需要，而且还可省时，省工，提高工作效率。

②复合化。农业生产要求新型肥料要具有多种功效，来满足作物生长的需要。目前，含有微量元素的复合肥料，以及含有农药、激素、除草剂等新型肥料在市场上日趋增多。

③长效化。随着现代农业的发展，对肥料的效能和有效时期都提出了更高的要求，肥料要根据作物的不同需求来满足作物的需要。

但市场上鱼龙混杂，某些非法企业以新型肥料为名，炒作概念，误导消费者。此外，也存在着对某些新型肥料品种的功效夸张宣传问题，影响农民正常购肥、用肥。因此，购买新型肥料应当仔细甄别，切忌一味求新、求异，忽视肥料的实际应用效果，对没有把握的新型肥料应多做咨询，在专家指导下科学使用，或者进行必要的肥效试验后进行推广应用。

三、小麦高产高效栽培技术

河南省小麦常年种植面积在 8 500 万亩左右，对河南省乃至全国粮食安全具有重要战略意义。新常态下的粮食安全，要求按照科学发展观，探索高产与资源高效利用的作物生产技术新途径，研发提高耕地质量、改善土壤肥力状况、持续提升土地生产能力、谋求化肥和化学农药替代品的绿色环保技术。

（一）品种的选择与利用

根据本地区的气候、土壤、地力、种植制度、产量水平和病虫害情况等，选用最适应当地气候特点的、通过有关部门审定的小麦品种，同时加强种子筛选和处理，提高种子质量。在品种搭配和布局上，一个县区、乡镇要通过试验、示范，根据当地生产条件，选用表现最好、适于当地自然条件和栽培条件的高产稳产品种1、2个作为当家（主栽）品种，再选表现较好的1、2个作为搭配品种。此外，还应有潜在的高产优质品种。

1. **根据气候条件选种**　根据本地区的气候条件，如豫西地区干旱频繁发生、灌溉条件差，宜选择抗旱稳产品种；豫南地区冬季气温高、春季田间湿度大，宜选择抗病性强的品种；豫东、豫北地区倒春寒易发地区，应选择春季发育缓慢、抗寒能力强的品种。

2. **根据生产水平选种**　在旱薄地应选用抗旱耐瘠品种，土层较厚、肥力较高的旱肥地应种植抗旱耐肥的品种，在肥水条件良好的高产田选用丰产潜力大的耐肥、抗倒高产品种。

3. **根据当地自然灾害的特点选种**　干热风重的地区应选用适当早熟、抗早衰、抗青枯的品种，以躲避或减轻干热风的危害。倒春寒多发区、干旱多发区注意选择抗逆性强的品种。

4. **根据当地病虫害种类选种**　近些年，锈病感染较重的地区应选用抗（耐）锈病的品种，南方多雨、渍涝严重的地区宜选用耐湿、抗（耐）赤霉病及种子休眠期长的品种。

选用良种要经过试验示范，要根据生产条件的变化和产量的提高更换新品种，同时要防止不经过试验就大量引种、调种及频繁更换良种。在种植当地主要推广良种的同时，注意积极引进新品种进行试验、示范，并做好种子繁殖工作，以便确定"接班"品种，保持高质量生产用种。

鉴于近年来极端天气和病虫害重发已成常态，对小麦品种要求越来越高，根据农业供给侧改革和智慧型农业发展的要求，以优质高产稳产为中心，以抗灾避害为重点，结合品种抗性、高产、高效性和品质特性，因地制宜，最大限度的发挥品种增产潜力。

（二）种子处理技术

播前进行药剂拌种或种子包衣，是防治小麦苗期病虫以及中后期蚜虫等病害的有效措施，因药剂种类众多，处理不当易影响出苗及出苗后的生长，要严格按照要求，规范操作。种子包衣要尽量提前，以保证药被种子充分吸收。

1. **地下害虫一般发生区**　用40%辛硫磷按种子重量0.2%拌种，也可用48%毒死蜱乳油按种子重量0.3%拌种，拌后堆闷4～6h，可有效防治蝼蛄、蛴螬、金针虫等地下害虫，兼治苗期红蜘蛛、蚜虫、灰飞虱等。

2. **腥黑穗病、散黑穗病、根腐病、纹枯病、全蚀病等发生区**　选用2%戊唑醇（立克秀）干拌剂或湿拌剂10～15g拌麦种10kg，或2.5%咯菌腈（适乐时）悬浮剂

10～20mL 拌麦种 10kg，或 40％五氯硝基苯按种子重量的 0.4％～0.5％拌种。

3. 防治纹枯病、根腐病、腥黑穗病　用 25g/L 咯菌腈悬浮剂种衣剂，每 10mL 兑水 0.5～1kg，拌种 10kg；或 30g/L 苯醚甲环唑悬浮剂种衣剂按种子重量 0.2％～0.3％拌种，或 15％多·福种衣剂 1∶60～80（药种比）拌种。

4. 防治蚜虫、地下害虫及锈病　可选用 60％吡虫啉悬浮剂种衣剂（高巧）30mL＋6％戊唑醇悬浮剂种衣剂（立克秀）10mL，加水 0.3～0.4kg，包衣 15～20kg。

（三）规范化播种技术

小麦规范化播种技术包括耕作整地、耕翻或旋耕后耙压、适宜墒情、前茬秸秆还田后浇水造墒或镇压踏实土壤、适期适量播种、保证播种质量、播后镇压等。实施规范化播种技术是苗全苗壮的基础，还可以提高小麦抗逆能力，减轻或避免因气候异常导致的灾害性天气危害。

（四）田间管理技术

1. 出苗—越冬期关键技术　冬小麦从出苗到越冬，生育特点是长根、长叶、长分蘖，完成春化阶段，即"三长一完成"，生长中心是分蘖。该阶段在河南省北部为 10 月上旬至 12 月下旬，中部为 10 月中旬至 12 月下旬，南部为 10 月下旬至 12 月底或 1 月初，西部山区为 10 月初至 12 月初。田间管理的核心任务是在保苗基础上促根增蘖，使弱苗转壮，壮苗稳长，确保麦苗安全越冬。其主要管理措施包括以下方面：

（1）查苗补种。出苗后要及时查苗，发现缺苗断垄及漏播要立即补种，否则影响成穗数或利于杂草生长。用萘乙酸或清水浸种催芽，浸种后晾干播种。

（2）因苗制宜、分类管理。苗情诊断以 10 月下旬为宜，识别出壮苗、旺苗及弱苗，根据苗情采取控、促不同的管理措施。方法是"两查两看"，查播种基础、查墒情，看长势长相、看群体结构。

（3）适时冬灌。小麦越冬前适时冬灌是保苗安全越冬，早春防旱、防倒春寒的重要措施。适宜的冬灌时间应根据温度和墒情来定，一般在平均气温 7～8℃时开始，到 3℃左右时结束，此时"夜冻昼消"。灌水量要根据墒情、苗情和天气而定。一般每亩浇水 40～60m³。冬灌水量不可过大，以能浇透且当天渗完为宜。切忌大水漫灌，以免造成地面积水，结成冰层使麦苗窒息而死。冬灌后，特别是早冬灌的麦田，要及时锄划松土，防止龟裂透风，造成伤根死苗。

播种时底墒充足、翻耕整地的麦田，可不进行冬灌，以提高水分利用效率，减少水资源浪费。

（4）病虫草害防治。冬前杂草密度大的地块，要在小麦 3～5 叶期、日均温 8℃

以上时，及时开展冬前化除。

冬前蚜虫、红蜘蛛、潜叶蝇和地下害虫危害较重的地块应进行化学防治。地下害虫发生严重的地块，可用毒饵诱杀或拌毒土撒施。

2. 返青—孕穗期管理技术　返青—孕穗期是冬小麦营养生长与生殖生长并进的时期，这个时期的管理要以多成穗、成大穗、防倒伏为主要管理目标。

(1) 因苗管理，运筹肥水。返青期是氮素营养临界期，在底肥充足，冬季已施肥、浇水或土壤肥力水平较高田块，可不施返青肥水；旱地麦田或晚播麦田，麦田长势弱，可在返青后每亩施尿素 8～10kg。起身期施用肥水，可巩固冬前分蘖，促进春季分蘖，提高分蘖成穗率。对群体较小的麦田可亩施尿素 10～15kg。对返青期经过深中耕且群体过大的田块，应少施或不施。拔节期以提高分蘖成穗率，促穗大粒多为目标，对苗情好、分蘖多、群体和个体生长适宜的麦田，应促控结合，拔节中后期每亩施尿素 10kg。

(2) 水肥一体化管理。水肥一体化灌溉技术集施肥灌溉于一体，实时监测土壤实际情况和植物生长规律。通过对土壤水分和养分的监测，结合作物的需求规律、土壤水分肥力、土壤性质等条件提供最合适的水肥灌溉方案。按照该方案进行定量合理灌溉、精准施肥，提高用水效率和肥料利用率，有利于改变农业生产方式，提高农业综合生产能力，并有助于从根本上改变传统农业结构，大力推进生态环境保护和建设。物联网传感器全自动化控制，减少人力成本投入，高效管理。

灌水方案：小麦拔节前，土壤相对含水量≤65％时进行灌溉，每次亩灌水量为 20～25m³。孕穗或灌浆期，土壤相对含水量≤70％时进行灌溉，每次亩灌水量为 20～25m³。不同区域小麦全生育期灌溉总量符合 DB41/T 958 规定。

通过水肥一体化田间设施设备，将拟定的灌溉、施肥制度并实施。土壤水分监测符合 NY/T 1782 规定。灌溉总量较常规灌水量减少 30％～40％，施肥总量较常规施肥量减少 20％～30％。

(3) 病虫草害防治。返青拔节期要加强病虫草害的监测与防治，重点防治小麦纹枯病、条锈病、白粉病、红蜘蛛等。小麦孕穗期是防治小麦吸浆虫的第一个关键时期。

(4) 春季冻害的预防与补救。做好春季冻害预测预报，并采取相应措施加以防御或补救，是春季麦田管理的重要措施之一。适时浇水是预防和减轻冻害的最有效措施。为预防晚霜冻害，在小麦拔节期浇一次水，保持土壤水分充足。如果拔节期浇水后，天气持续干旱，应在小麦冻害最敏感期再浇一次水，或者在寒流到来之前1～2d，及时浇水。在冻害发生前后喷洒黄腐酸之类的植物生长调节剂，可有效缓解冻害对小麦幼穗发育的影响。

早春冻害的补救措施：一是及时追肥。早春冻害严重的麦田，一般都是旺长麦田，一旦冻害发生，要把旺苗当成弱苗来管，立即追施速效化肥。一般情况下，每亩追施尿素 7.5～10kg，追肥后要及时浇水。二是喷洒化学调节剂。冻害发生后，每亩用磷酸二氢钾 200g，喷洒小麦植株，对促进小麦恢复生长具有良好作用。结合喷洒植物生长素喷洒农药，防治病虫害的发生。三是返青后，对已经提前拔节的麦田，主茎和大分蘖已冻死，不要再进行镇压，应以促为主。

低温冷害的补救措施：一是受害后灌水。在天气干旱条件下，低温冷害后应及时灌水。灌水后，小麦恢复生长越快，成穗质量越高。二是追肥，冷害后浇水应结合追肥进行，效果更佳。三是叶面喷施肥料、植物生长调节剂。小麦受冷害后及时喷洒磷酸二氢钾和植物生长调节剂，对增加穗粒数，提高粒重作用很大，同时做好病虫害防治工作对减少损失也有重要作用。

3. 抽穗—成熟期关键技术 抽穗—成熟期的关键是防治病虫害，防止脱肥和脱水，确保小麦正常灌浆。小麦抽穗扬花以后是小麦白粉病、蚜虫、锈病、叶枯病、吸浆虫和赤霉病防治的关键时期。病虫害防治应根据病虫发生情况，品种抗性，确定防治对象和时期，以防为主、以治为辅。选用高效低毒农药防治，提倡综合防治，推行"一喷三防"，减少用药次数，降低用药成本。

（1）水肥运筹。

①适时浇好灌浆水。在小麦开花一周内土壤含水量低于田间持水量 70％的，适当浇水以确保小麦正常灌浆；同时密切注意天气预报，风雨来临前严禁浇水，以免发生倒伏。在没有明显的旱情时，应适当控制浇水，避免小麦头沉遇风倒伏，防止氮素的淋溶，影响籽粒光泽度、角质率和加工品质。灌浆水对强筋小麦产量有不同程度的提高，但不宜浇得过晚，否则将导致后期籽粒氮素积累减少。

②补施氮肥。对中低产田，为防止生育后期植株早衰，在浇灌浆水的同时，随水追施少量氮肥，灌浆期追施氮素，可提升生育后期的叶绿素含量及 NR（硝酸还原酶）活性，促进氮素代谢与转化（雷振生等，2006），追氮肥量不宜过大，时期不能过晚，一般 5kg/亩。

（2）病虫害防治。科学防治蚜虫。当百株有蚜量 500 头时，亩用 5％高效氯氰菊酯 20～25mL 或吡虫啉乳油 20mL 或 10％吡虫啉可湿性粉剂 20～30g 兑水 50kg 喷雾防治一次。如效果不好，可亩用 5％高效氯氰菊酯 20～25mL 再加吡虫啉乳油 10mL 或 10％吡虫啉可湿性粉剂 5～10g 兑水 50kg 进行第二次防治。在条件允许的情况下也可利用生物措施进行防治，如利用蚜虫的天敌草蛉或黄板诱捕蚜虫，生态效益突出。

小麦锈病一般发生在拔节期至灌浆期多雨潮湿、地势低洼的阴湿地块，锈病一般发生较重。加强锈病监测和白粉病预防，发现发病立即施药防治，亩用 12.5％禾果利可湿性粉剂 20～30g 或 15％粉锈宁可湿性粉剂 75～100g 兑水 50kg 喷雾。

在小麦抽穗扬花期,阴雨、潮湿天气持续时间愈长,赤霉病发生就愈重(李金永,2008)。由于气候变暖,赤霉病发生频率不断上升。赤霉病应以预防为主,及早测报,及时防治。在小麦抽穗至扬花期遇有 2d 以上阴雨、大雾或大面积露水等天气,必须在齐穗至扬花初期喷药预防;对高感品种,首次施药时间提早至破口抽穗期。每亩用 50g 多酮混剂(多菌灵 40g 加三唑酮 10g 有效成分)或 12.5% 烯唑醇 30g 或氰烯菌酯粉剂 30~50g,兑水 50kg 喷雾。喷药后 6h 内遇雨应补喷。喷药应加大用水量,均匀喷洒,确保防治效果,亩用水量不少于 30~45kg。

(3) 干热风防控。近年来,气候变暖导致小麦灌浆期干热风频发,是河南省冬小麦生长后期危害籽粒灌浆最严重的气象灾害,对小麦高产、稳产造成严重威胁。干热风持续时间越长,小麦千粒重越低,一般年份可造成小麦减产 5%~10%,偏重年份可减产 10%~20%,且对小麦品质影响较大。在建立农田防护林带,达到农田林网化,选用抗逆性强的品种基础上,喷洒化学制剂,是防御干热风最经济、有效和直接的方法。抽穗至灌浆期喷洒植物生长调节剂麦健,尤以扬花后使用效果更佳。每亩用 50mL,兑水 30~40kg 均匀喷洒,可显著提高小麦植株抗逆能力,减轻干热风危害,提高粒重、改善小麦品质。选择晴朗无风天气进行喷洒,若 6h 内降水应补喷,可与其他农药混用,分别稀释后再混合。结合病虫害防治,将叶面肥与杀菌剂、杀虫剂混喷,一喷三防,具有较好的增产效果。

(4) 拔除野燕麦和田间杂草。野燕麦等禾本科杂草在河南南部麦区发生尤为严重,种子随着成熟落于地表,如不及时拔除,将会越来越严重。对野燕麦、麦蒿等杂草要尽快人工拔除。

4. 适期收获、安全储藏　从 5 月底至 6 月中旬由南向北逐渐步入小麦收获期,要及时收获以防止小麦断穗落粒、穗发芽、霉变等,争取把损失减少到最低限度。机械收获以完熟初期为宜,密切关注天气变化,适时抢收,减少不必要的损失,同时注意留茬高度,利于玉米播种。

农机合作社为农户提供机收、秸秆处理、产后烘干、粮食销售对接等“一站式”综合服务,加强农机区域调度和应急调度。对优质专用小麦,优先搞好机收服务,专收、专运、专晒,防止混杂。

四、玉米高产高效栽培技术

(一) 良种的选择

品种的好坏直接会影响到玉米产量,因此要针对当地气候特点、土壤状况、栽培管理水平、因地制宜选择合适的玉米品种。主要以高产稳产品种为主。河南省适宜种植的品种具备以下特点:耐密植、产量高;抗病、虫、草害;耐高温、干旱、耐阴雨寡照；抗倒伏、宜机收；中早熟（从出苗到成熟 90～105d）。

选择品种时应该选通过国家或省作物新品种审定委员会审定的品种，选品种审定公告中适宜当地种植的品种，选国家及当地农业管理部门推荐的品种，选可信赖的农业技术专家推荐的品种，选自己或邻居经多年种植表现良好的品种。

（二）播种前准备

1. **前茬秸秆处理** 前茬残留物可作清除或还田处理。冬小麦收获时选用带秸秆粉碎和抛撒装置的联合收割机，麦秆切碎<10cm 并抛撒均匀，留茬高度<20cm，以解决秸秆对播种机具的缠绕堵塞问题，保证播种质量和出苗均匀，同时秸秆覆盖可起到保墒效果。

2. **种子处理**

①晒种：选择晴天上午 9：00 到下午 4：00 进行晒种（注意：不要在铁器和水泥地上晒种，以免烫坏种子），连续暴晒 2～3d，可提早出苗 1～2d，出苗率提高13%～28%。

②精选：选用籽粒饱满、大小均匀的种子。

③发芽试验：随机取 100 粒种子在麦行间种植，查看出苗时间、出苗率、幼苗长势。

3. **肥料准备** 玉米常用肥料包括尿素、磷酸二铵、过磷酸钙、硫酸钾或氯化钾、氮磷钾复合肥、中微肥、配方肥、硫酸锌、有机肥等。若以尿素、磷酸二铵、氯化钾为基础肥料，一般高产田块，每亩需尿素 15～25kg、磷酸二铵 6～10kg、氯化钾 5～10kg、硫酸锌 2～3kg（表 3-1）。

表 3-1 肥料准备

目标产量（kg/亩）	纯氮用量（kg/亩）	五氧化二磷用量（kg/亩）	氯化钾用量（kg/亩）
600～800	14～16	3～6	5～7
>800	18～20	5～8	6～8

（三）播种

①播种时间：麦收后要抢时播种，力争 6 月 10 日之前播种结束。

②播种方式：建议采用种、肥一体化单粒机播。种肥一般占总施肥量的10%～30%、以氮磷钾复合肥或磷酸二铵为宜，速效氮肥（如尿素）不宜作种肥，种肥要施在距种子 3～5cm 的侧下方。宜采用宽窄行播种，宽行 70cm，窄行 50cm。播种深度以 3～5cm 深为宜。墒情较好的黏土，适当浅播；疏松的砂质壤土，适当深播。

③合理密植：根据品种特性和土壤肥力确定播种量和适宜密度，目前在河南省高

产耐密型品种适宜种植密度在 4 500～5 000 株/亩。

④浇好出苗水：播种后根据土壤墒情，及时适量浇出苗水，要浇足、浇匀，以实现出苗整齐、长势均匀。

（四）田间管理

1. 苗期管理

（1）治虫防病。

①地下害虫防治（表 3-2）

表 3-2　地下害虫防治

农业防治	物理防治	化学防治
土壤翻耕，施用有机肥要充分腐熟	黑光灯、高压汞灯诱杀	药剂包衣；播前沟施 3%辛硫磷颗粒剂

②地上害虫防治（表 3-3）

表 3-3　地上害虫防治

农业防治	物理防治	化学防治
搞好田间卫生，清除田边、地沟杂草	糖醋酒诱杀；黑光灯、高压汞灯诱杀	播后苗前和苗后用高效氯氟菊酯、氰戊菊酯、氯虫苯甲酰胺喷施

③苗期病害防治（表 3-4）

表 3-4　苗期病害防治

农业防治	化学防治
种植抗病品种；增施磷钾肥和硫酸锌，增强植株抗性	根腐病可用甲霜·戊唑醇等包衣。病毒病可用寡糖·噻·氟虫包衣或低聚糖素、氨基寡糖素、噻虫嗪等喷雾

（2）化学除草。

①选对时：苗后 3～5 叶期，晴天傍晚无风时。

②选对药：每亩 60mL 烟嘧磺隆＋100mL38%的莠去津。

③选对器：专用喷嘴或加防护罩。

④用对技：近地面，要均匀，退行走，单行间。

⑤防药害：出现药害要灌溉，同时喷施 920（赤霉酸）。

⑥四不准：不准随意增加剂量；不准在高温干旱的条件下喷施；不准在风雨天喷施；不准在有机磷农药包衣或 7d 内喷施过有机磷农药的玉米田喷施烟嘧磺隆（已有保护剂）。

2. 穗期管理

①追肥：根据玉米需肥规律、玉米长势以及肥料种类施肥，肥料应深施，氮肥宜

后移。若上茬留肥较多，可不施种肥，在拔节期和大口期分次追肥。也可在封行前一次施入玉米专用缓控释肥。

②排灌：根据玉米需水规律合理灌溉；根据玉米旱情灌溉；施肥后应及时灌溉，以水调肥，效果增益。

③治虫防病：重点防治玉米螟、粘虫等害虫及弯孢霉叶斑病、顶腐病等病害，在小喇叭口至大喇叭口期用辛硫磷颗粒剂进行灌心或用 Bt（苏云金杆菌）等生物杀虫剂喷雾或氯虫苯甲酰胺＋噻虫嗪茎叶喷雾或在玉米螟、棉铃虫产卵高峰期放赤眼蜂进行防治。并结合治虫用适宜杀菌剂防病。

3. 花粒期管理

①追施粒肥：玉米后期如脱肥，可 9∶00 之前或 17∶00 之后叶面喷施叶面肥或 1％尿素＋0.2％磷酸二氢钾溶液。

②保墒防衰：在玉米生长后期，保持土壤较好的墒情，可防止植株早衰，提高灌浆强度，增加粒重。

（五）适时收获

在苞叶发黄后 7～10d，即籽粒乳线消失、基部黑层出现时收获。

五、气候智慧型小麦-玉米生产实践效果

以大气温度升高和极端气候事件频发为特征的气候变化已是不争的事实，给全球农业的可持续发展带来了严重影响。我国农业生态系统比较脆弱，气候变暖的幅度也高于全球平均水平，由此引起的作物耕种期降水变率增大和茬口衔接期缩短是农田耕层干旱、渍涝、低温等逆境加剧的主要成因，作物生产受影响更为突出。因此，提高农业生产对气候变化的适应能力，尤其是灾害应对能力，才能维持主粮作物持续稳定增产，以保障国家粮食安全。

小麦和玉米是我国重要的粮食作物，小麦-玉米一年两熟制是华北平原主要的种植制度，占该区作物播种面积的 80％以上。由于气候变化，近年来华北夏玉米和冬小麦耕种期降雨量分别减少了 14.5％和 35.9％。加上当前秸秆还田方式导致农田表层土壤耕作困难、有机碳含量下降等问题，影响出苗和作物产量。小麦-玉米增碳调墒抗逆轮耕技术中的耕层轮耕扩容蓄水、秸秆还田增碳调墒等措施可降低耕层土壤容重，提高总孔隙度，增加耕层土壤水分含量和有机碳含量，提升作物应对耕层水热逆境的能力及作物系统对气候变化的适应性。

（一）技术要点

1. 秸秆还田增碳保墒抗旱

（1）秸秆粉碎要求。 小麦成熟后，用联合作业机械收获小麦，同时将小麦秸秆切碎均匀抛撒到田间，秸秆切碎后的长度8~10cm，割茬高度20cm左右，漏切率小于2%。

玉米成熟后，用联合作业机械收获玉米，同时将玉米秸秆切碎均匀撒到田间，秸秆切碎后的长度在3~5cm，割茬高度小于5cm，漏切率小于2%。

（2）周年轮耕组合。 针对夏玉米耕种期降雨量减少，苗期易发生干旱等问题，使小麦秸秆留高茬覆盖还田保墒。采用免耕直播，减少了土壤扰动，保墒效果明显。

针对麦田长期浅旋耕造成的耕层变浅、土壤结构变差等导致作物系统对气候变化的抗逆性变弱问题，使玉米秸秆切碎深旋耕埋茬还田增碳调墒。采用深旋耕2遍，旋耕深度15~18cm，将玉米秸秆还田于深层土壤，可以改善耕层土壤结构，降低土壤容重、提高土壤含水量和有机碳含量，减少了小麦苗期干旱的发生，提升作物系统应对气候变化的能力。

2. 抗逆品种选用

针对华北平原干旱、高温等非生物逆境频发，以耐迟播、耐干热的冬小麦品种和抗倒、籽粒脱水快的夏玉米品种为选用原则。选用品种经过国家或者省农作物品种审定委员会审定，并在当地得到试验示范。

3. 播前种子处理

在播前用种衣剂包覆于种子表面或用药剂兑水稀释后进行拌种对种子表面进行处理，可以有效防治病菌和地下害虫的危害，同时能给种子萌发和幼苗生长提供营养，增强种苗的抗逆性。

4. 播种

（1）小麦适期晚播增密保苗。 针对气候变暖下，小麦冬前积温升高导致小麦旺长、抗冻性降低等问题，在小麦生产中小麦播种量按照小麦品种的分蘖成穗率特性而确定，并要适当晚播增密，以培育健壮的小麦个体，提高群体质量，减轻小麦冬前旺长，降低冻害的发生。

（2）玉米抢墒免耕早播。 针对气候变暖下玉米播种期干旱频发、夏玉米茬口衔接紧张的问题，将耕整地、播种、施肥等作业过程一体化同时进行，减少了农田机械作业次数，既减少了土壤扰动，保墒效果明显，又提高了作业效率，可以适时早播。

5. 施肥

（1）小麦有机肥替代部分化肥改土抗逆。 进行测土配方施肥，提倡增施有机肥，减施化肥，提高土壤保水能力和缓冲能力；合理施用中量和微量元素肥料，培育健壮个体，增强小麦抵御逆境灾害的能力。每亩总施肥量：商品有机肥100~150kg，纯氮（N）14~16kg，磷（P_2O_5）6~7kg，钾（K_2O）6~8kg，硫酸锌（$ZnSO_4$）1.5~2.0kg，上述总施肥量中，全部有机肥、磷肥、钾肥、微肥作底肥，氮肥的

50％作底肥，第二年春季小麦拔节期再施余下的 50％。

（2）玉米缓控释肥增效减排。 进行测土配方施肥，实行耕种肥一体化作业技术，将耕整地、播种、施肥等作业过程一体化同时进行。每亩施玉米配方缓控释肥 40～50kg，调整肥料在作物生长季节的释放模式，使其养分释放规律与作物养分吸收基本同步，以增加作物的吸收和肥料利用效率，从而降低氧化亚氮排放。

6. 微喷灌溉节水节能减排 针对气候变化下小麦和玉米生育期降水偏少，水资源短缺等问题，根据小麦和玉米生长发育的需水特性，在关键生育期通过微喷灌的方法进行灌溉。小麦灌溉关键期为越冬期、拔节期和开花期，一般每次喷灌水量 30m³/亩。玉米生育期降水与生长需水同步，一般不进行灌溉。除遇特殊旱情（土壤相对含水量低于 50％）时，灌水每亩 30m³。

7. 病虫害统防统治 针对气候变化下，病虫害加剧、防治技术不到位、施药效率低等问题，通过改变传统的分散防治方式，开展规模化统防统治，规范田间作业行为，可有效提高防控效果和效率，最大限度地减少病虫害造成的损失。

8. 适时机收抗灾减损 针对气候变化下，干旱、高温、暴雨等极端天气频发导致作物早衰落粒、遇雨穗发芽等问题，因此要根据品种类型、茬口衔接等，用机械适时完成作物收获，免受极端天气的危害。作物机械适宜收获时期，玉米以苞叶变白、乳线消失、籽粒黑色层出现为标准；小麦以茎秆全部变黄，籽粒坚硬的完熟初期为标准。

（二）技术示范推广情况

针对华北气候干热化特征，以夏季小麦秸秆留高茬免耕覆盖和秋季玉米秸秆切碎深旋耕埋茬结合的增碳调墒为核心技术，集成耐迟播、耐干热的小麦品种和抗倒、籽粒脱水快的夏玉米品种，小麦迟播早发和密植减肥技术，玉米免耕保墒技术等，构建小麦-玉米周年秸秆还田耕作抗逆适应技术体系。新模式实现周年增产 6.2％～8.1％、水分利用效率提高 2.3％～5.7％、增收 7.5％～11.8％。在河南、河北和山东等地进行多年大面积示范验证，2016—2018 年累计应用面积 3 591.4 万亩，累计增产小麦103.13 万吨，玉米 129.06 万吨，周年新增经济效益 38.33 亿元。

中国农学会对以该技术为主要技术之一的科技成果进行了第三方评价，专家组一致认为：该技术体系创新了适应华北干热化的小麦-玉米周年秸秆还田耕作抗逆适应技术体系；该技术体系经济、生态、社会效益显著，整体达到国际先进水平。

该技术体系在农业农村部种植业管理司的"粮油绿色高质高效创建"等项目中得到了广泛应用，周年增产增效效果显著，促进了小麦和玉米主粮作物的持续稳定增产，被农业农村部农业生态与资源保护总站列为农田生态建设项目和气候智慧型农业项目的重点推广内容，有效支持了我国农田生态建设和农田节能减排增效。

该技术体系在全球环境基金第五期和第六期等项目进行推广应用，编写的一些技术手册也翻译成英文材料，被 WB 和 FAO 在国外传播，得到了国际的普遍认可。

（三）未来推广应用的适宜区域、前景预测和注意事项

适宜区域：适宜于有水浇条件的小麦-玉米一年两熟区。

前景预测：当前，我国气候变化尤为显著，高温、干旱、极端降水等事件日趋常态化，对国家粮食安全构成了严重威胁。小麦-玉米周年秸秆还田耕作抗逆适应技术体系，为小麦-玉米一年两熟区粮食持续稳定增产和固碳减排提供了关键技术支撑。目前华北小麦-玉米 50％以上农田实施了小麦秸秆留茬免耕覆盖和秋季玉米秸秆切碎深旋耕埋茬结合的增碳调墒技术，因此还有较大的推广应用潜力。

注意事项

①要根据不同区域气候条件和病虫害发生特点，优化品种布局，分区域科学选用抗逆性优良作物品种；②小麦和玉米收获后，如果玉米秸秆量大，需要用单独的秸秆粉碎机粉碎 1、2 遍，然后再进行深旋耕整地。

图 3-1　夏季小麦秸秆留茬覆盖免耕播种玉米及玉米苗期长势

图 3-2　秋季玉米秸秆切碎深旋耕埋茬播种小麦及小麦苗期长势

第四章
气候智慧型农业技术培训实践

一、技术培训与服务的目标

依据"项目"的技术培训与服务咨询合同（合同编号：CSA-C-17 和 CSA-C-19），通过开展技术培训与服务、技术咨询与指导和技术服务能力的建设，以提升项目区及其周边地区生产者的知识水平，提高他们对新技术和新生产模式的接受能力。重点培训农户、种植大户、农民合作社成员、村干部和农业技术人员等，通过技术示范与应用、政策创新以及新知识普及，增强项目区作物生产对气候变化的适应能力，推动中国农业生产的节能减排，为世界作物生产应对气候变化提供成功经验和典范。

二、技术培训与服务的内容

依托县、乡镇、村三级服务培训平台，在作物生产的关键时期和农闲阶段，聘请有关专家分别采用集中授课、田间培训、异地培训、媒体宣传等多种形式，进行技术服务与培训活动。

1. 土肥优化管理技术培训

①灌溉与施肥技术田间培训：依托村级培训平台，在作物播种前和生育期间，结合田间实际操作，进行技术培训、指导服务。

②水肥技术与知识培训与咨询：聘请相关领域专家和生产能手，进行集中授课，传授气候智慧型农业关键技术，普及减缓气候变化的相关知识，提高生产者的环境保护意识和技术水平。

2. 植保技术服务与培训

①植保信息服务与咨询：主要进行项目区内水稻、小麦和玉米等作物的病虫草害的信息服务，植保知识普及，新型喷药机具的示范，以及面向农民的植保技术咨

询等工作。

②植保技术培训与指导：在小麦、水稻和玉米播种前和生育期间，就主要作物病虫害的危害和防治，进行技术培训和指导服务等。

3. 农机农艺技术服务与培训

①农机农艺技术指导与咨询：主要进行项目区内的农机作业、农艺管理等技术指导与咨询。

②农机农艺知识培训与宣传：在小麦、水稻和玉米播种前及生育期间，就作物主要耕作栽培技术关节，进行管理技术和耕作技术等专题培训，并在田间进行实地指导咨询服务。

三、技术培训与服务成效

（一）怀远项目区技术培训与服务实施效果

1. **培训咨询总体完成情况**　2016—2020 年深入怀远县及万福镇多个村部共进行 36 次技术培训与服务咨询，其中 18 次课堂集中培训、11 次田间培训、5 次农业园区实训、1 次春节访问指导、1 次培训赶集。培训与服务咨询达 8 970 人次，其中课堂培训和田间培训男性占 68.05%，女性占 18.66%，大于 60 岁占 3.35%。（表 4-1、表 4-2）

表 4-1　2016 年 1 月至 2020 年 6 月培训与服务咨询统计表

年度	课堂培训	田间培训与咨询服务培训	农业园区实训	其他类型	合计	总人数
2016	4	2	3	0	9	2 203
2017	3	3	1	0	7	2 261
2018	5	3	0	0	8	2 122
2019	5	2	1	2	10	2 333
2020	1	1	0	0	2	125
合计	18	11	5	2	36	9 044

表 4-2　2016 年 1 月至 2020 年 6 月参加培训咨询服务人员信息表

类别	总人数	男	女	>60 岁	50~60 岁	40~50 岁	<40 岁	信息不明
合计	9 044	6 154	1 688	303	2 473	3 050	2 016	1 202
占总人数百分比（%）	100.00	68.05	18.66	3.35	27.34	33.73	22.29	13.29

参加培训咨询服务信息详表（2016—2020 年）如下（表 4-3）：

表 4-3　2016—2020 年年参加培训咨询服务信息详表

										2018 年
时间	地点	培训类型	男	女	>60 岁	50～60 岁	40～50 岁	<40 岁	身份证未填写	合计
4.16—4.17	怀远		320	20	28	124	132	56	20	360
7.24—7.25	怀远	课堂培训	465	180	20	170	190	265	70	715
9.24—9.25	合肥		184	84	12	112	72	72	40	308
10.31—11.1	怀远		256	84	0	76	180	84	0	340
4.18	怀远	田间咨询服务	80	5	7	31	33	14	5	90
7.25	怀远		93	36	4	34	38	53	14	143
9.26	庐江现代农业示范园		46	21	3	28	18	18	10	77
11.2	安徽农业大学新农村发展院金寨试验站	农业园区实训	64	21	0	19	45	21	0	85
11.3	六安现代农业示范园		64	21	0	19	45	21	0	85
	合计		1 572	472	74	613	753	604	159	2 203

										2017 年
时间	地点	培训类型	男	女	>60 岁	50～60 岁	40～50 岁	<40 岁	身份证未填写	合计
3.18—3.19		课堂培训	477	153	45	252	225	108	27	657
8.19	万福镇		190	45	0	110	50	75	20	255
11.25—11.26			496	200	48	232	216	200	16	712
3.20		田间培训	56	13	2	32	17	18	1	70
8.19			38	9	0	22	10	15	4	51
11.27			29	10	3	15	11	10	9	48
4.22—4.25	山东寿光	农业园区培训	376	88	16	124	232	92	4	468
	合计		1 662	518	114	787	761	518	81	2 261

										2018 年
时间	地点	培训类型	男	女	>60 岁	50～60 岁	40～50 岁	<40 岁	身份证未填写	培训人数合计
3.9		课堂培训	114	30	21	45	45	33	51	195
5.17			50	2	4	18	12	18	14	66
5.30	怀		108	28	16	48	36	36	20	156
7.10	远		120	5	10	30	45	40	230	355
9.8—9.9	县		864	136	12	352	452	184	72	1 072
5.17		田间培训	50	2	4	18	12	18	14	66
6.5			66	10	24	20	12	20	24	100

（续）

2018 年								
不定期	万福镇及怀远县	田间咨询与网络咨询	—	—	—	—	—	—	112	112
	合计		1 372	213	91	531	614	349	537	2 122

2019 年									
时间	地点	培训类型	男	女	>60 岁	50～60 岁	40～50 岁	<40 岁	身份证未填写	培训人数合计
1.30	怀远县万福镇	访问指导	42	11	13	17	18	5	37	90
2.21—2.22	怀远县城市之星宾馆		440	272	0	184	312	216	48	760
2.23			282	30	6	72	156	78	24	336
3.14	怀远县农机局	课堂培训	39	8	2	11	17	17	0	47
3.26—3.27	怀远县城市之星宾馆		464	96	0	136	272	152	32	592
9.29	怀远县		44	15	1	27	26	5	15	74
3.28	庐江县国家现代农业示范区	农业园区培训	58	12	0	17	34	19	4	74
9.29	安徽友鑫农业科技有限公司、上海绿色超级稻研发中心安徽片区和安徽省农垦农场等	田间观摩培训	44	15	1	27	26	5	15	74
10.11	庐江春生农业科技有限公司、郭河镇北圩村王士照粮食种植家庭农场、安徽农业大学皖中综合试验站	田间培训	31	4	0	8	21	6	1	36
7.8—7.11	怀远县万福镇	培训赶集	69	19	1	26	26	35	162	250
	合计		1 513	482	24	525	908	538	338	2 333

2020 年									
时间	地点	培训类型	男	女	>60 岁	50～60 岁	40～50 岁	<40 岁	身份证未填写	合计
5.26	怀远	田间咨询与服务	35	3	0	17	14	7	13	51
6.15	怀远	课堂培训	—	—	—	—	—	—	74	74
	合计		35	3	0	17	14	7	87	125

2. 农业技术培训

（1）农业课堂培训。2016—2020 年共开展 18 次课堂培训。专家们分别在怀远县城市之星会议室、怀远县万福镇、怀远县农机局、安徽农业大学、怀远县叶湖村等地开展课堂集中培训（图 4-1）。分别从气候智慧型农业、稻茬麦高产栽培技术、稻麦两熟机械化秸秆还田技术、稻麦两熟精准施肥技术、病虫草害绿色防治技术、稻田综合种养模式与技术等多方面，给项目区农户、种植大户、扶贫干部、农机局和农委农技员们培训，科学种植既要保障粮食增产稳产、减少农田温室气体的排放，也要增强农田固碳能力（表 4-4）。

表 4-4　课堂培训内容

序号	培训内容	培训时间
1	气候智慧型农业概述	2016—2020
2	稻茬小麦春季管理技术	2016—2019
3	稻茬小麦病虫草害综合防治技术	2016—2019
4	作物秸秆机械化还田与综合利用技术	2016—2019
5	麦茬稻机械化秸秆还田技术	2016—2019
6	小麦拔节肥施用技术	2016—2020
7	水稻精准施肥技术	2016—2020
8	小麦精准施肥技术	2016—2020
9	小麦栽培理论与稻茬田间管理技术	2016—2020
10	稻茬麦秸秆还田机械化技术	2016—2020
11	水稻轻简化生产技术	2016—2020
12	稻麦两熟机械化秸秆还田技术	2016—2020
13	稻麦两熟区秸秆还田装备与关键技术	2016—2020
14	优质小麦生产与粮食安全	2016—2020
15	土壤问题与修复途径	2016—2020
16	农田生态系统节能减排的理论与实践	2016
17	绿色增产模式与秸秆还田机械化技术	2016
18	稻茬小麦高产栽培理论与小麦后期肥水管理	2016
19	病虫害防治技术	2016
20	品牌和交易平台双驱动模式助推怀远农业升级	2016
21	美丽乡村建设与环境综合整治	2016
22	蔬菜高产栽培技术	2016
23	水稻高产栽培与肥水管理技术	2016
24	水稻病虫害绿色防控技术及水稻机械化秸秆还田技术	2016

（续）

序号	培训内容	培训时间
25	稻瘟病、稻曲病防控技术	2016
26	植物营养与施肥-稻茬麦减肥增效技术与绿色增产模式	2016
27	互联网＋现代农业	2016
28	中国稻瘟病、病稻曲病的分布区	2016
29	小麦赤霉病研究进展（流行成因解析）	2016
30	农业政策法规的解读	2016
31	稻麦病虫害研究进展与绿色防控	2017
32	水稻机械化生产技术和装备专题培训	2017
33	高效种植模式优化与精准施肥技术	2017
34	农药残留和农产品质量安全	2017
35	我国水生蔬菜特产区概况及无公害莲藕栽培技术	2017
36	水稻后期病虫害防治技术	2017
37	稻麦的需肥规律和精准施肥技术	2017
38	秸秆还田条件下的农机农艺相结合技术	2017
39	农产品质量与安全	2017
40	水稻、小麦主要病虫害与防治	2017
41	机械化秸秆还田与小麦绿色高产栽培技术	2017
42	水稻-龙虾生态综合种养技术	2018
43	绿色低碳循环种养结合模式与关键技术	2018
44	农产品现代市场营销的策略	2019
45	乡村振兴战略与农村发展	2019
46	现代农业与农业结构调整	2019
47	现代农业与供给侧农业结构调整	2019
48	决胜脱贫攻坚	2019
49	全面实施乡村振兴战略，持续推进农村健康发展	2019
50	建设现代农业三大体系助推产业精准脱贫	2018
51	现代农产品市场营销理论与策略	2019
52	农产品上行运营策略与案例分析	2019
53	精准施肥与水稻深耕施肥以及实现水稻减肥增效途径	2020
54	水稻减肥潜力、减肥技术路线及水稻高效施肥技术	2020

图 4-1　课堂培训

（2）田间农业技术培训与咨询指导。 2016—2020 年在怀远县万福镇田间等地开展了 11 次田间培训。聘请种植、土肥、植保等方面专家，深入项目区的万福镇砖桥村、刘圩村和万福村等地，开辟田间课堂，在田间面对面进行小麦品种耐赤霉病差异比较、指导农民和种植大户们选择小麦品种、秸秆还田技术、科学施肥技术、农业结构调整和避灾应灾田间咨询与培训，稻虾立体种养技术现场培训、工厂化育秧的技术环节以及如何应对不良气候影响等一系列田间培训（图 4-2）。不断加强项目区学员科学耕地、科学施肥和农田综合种养等多方面的认识，不断提高项目区和周边农民的气候智慧型农业意识（表 4-5）。

表 4-5　田间农业技术培训与咨询指导

序号	培训内容	培训时间
1	小麦品种耐赤霉病差异比较	2016—2019
2	小麦田间病害的识别与防治	2016
3	适宜当地种植的小麦品种和适宜的播期播量现场培训	2016
4	稻田养鸭等立体种养模式的关键技术与管理方法	2016
5	防治小麦倒伏与化学促控	2016
6	小麦秸秆还田技术	2016
7	水稻病虫害综合防治等中后期管理问题	2016
8	立足于抗灾避灾夺丰收，稻茬麦高产稳产技术	2016

（续）

序号	培训内容	培训时间
9	就建设标准化农产品质量安全检验检测实验室进行现场指导	2017
10	对万福镇农资市场进行调研和现场指导	2017
11	稻茬麦深耕和整地技术	2017
12	优质多抗糯稻品种展示与现场培训	2019
13	无人机精准绿色植保展示与现场培训	2017
14	无人机水稻播种展示与现场培训	2018
15	小麦品种耐赤霉病差异比较和指导小麦品种的选择现场培训	2018
16	秸秆还田技术、科学施肥技术现场教学	2018
17	农业结构调整和避灾、应灾田间咨询现场培训	2018
18	秸秆还田技术展示与现场培训	2016—2019
19	科学施肥技术展示与现场培训	2016—2019
20	农业结构调整和避灾、应灾田间咨询与培训	2016—2019
21	稻虾立体种养技术现场培训	2019
22	工厂化育秧的技术环节展示与现场培训	2019
23	如何应对不良气候影响等田间培训	2016—2019
24	水稻侧位深施肥技术与装备	2020
25	水稻机械化抛秧与装备	2020

图 4-2　田间农业技术培训与咨询指导

(3)异地农业园区培训。 2016—2020 年，带领项目区学员前往山东寿光农业园区和蔬菜生产现场、金寨县试验站、六安市省级现代农业示范区共开展了 5 次异地农业园区培训、开展实训。在安徽省农亢农场、安徽友鑫农业科技有限公司、庐江春生农业科技有限公司、郭河镇北圩村王士照粮食种植家庭农场、安徽农业大学皖中综合试验站等地，组织了应对气候变化粳（糯）稻栽培技术展示观摩培训、种植业结构布局调整示范与培训；巨峰葡萄、晶两优 8612 和隆两优 307 等果树、作物种植科技试验示范与培训等农业园区培训。异地农业园区培训开阔了学员们的视野、打开了学员们的前瞻性思维（表 4-6，图 4-3）。

表 4-6　异地培训内容

序号	培训内容	培训时间	培训地点
1	寿光农业园区观摩培训	2017	山东寿光
2	安徽友鑫农业科技有限公司观摩培训	2019	合肥庐江
3	上海绿色超级稻研发中心安徽片区观摩培训	2019	合肥庐江
4	安徽省农亢农场观摩培训	2019	合肥庐江
5	庐江春生农业科技有限公司观摩培训	2019	合肥庐江
6	郭河镇北圩村王士照粮食种植家庭农场观摩培训	2019	合肥庐江
7	安徽农业大学皖中综合试验站观摩培训	2019	合肥庐江
8	庐江现代农业示范园观摩培训	2016、2019	合肥庐江
9	六安现代农业示范园观摩培训	2016	安徽六安
10	安徽农业大学新农村发展院金寨县试验站观摩培训	2016	安徽金寨

图 4-3　异地农业园区培训

（4）其他形式培训。 2015—2020年开展其他形式培训3次，不定期进行网络咨询与指导数百次。1次访问指导，2018年春节期间深入项目区，走村串户，给农民拜年，送春联、气候智慧型农业挂图和培训资料，探讨稻麦两熟生产技术，进行现场讲解和培训，并慰问贫困户（图4-4）。1次假期带领大学生暑期下乡开展科普赶集，包括网上培训（微信、电话）。2020年突发新冠疫情，气候智慧型农业培训团队积极应对，编写《应对新型冠状病毒，做好小麦春季管理》《新冠疫情下，如何做好小麦赤霉病防治》等培训技术资料，通过怀远县项目办、农业农村局、万福镇政府和微信群，多渠道及时将粮食绿色生产技术推广到种植大户和普通农户，保障气候智慧型农业培训项目的顺利实施（表4-7）。

表4-7　其他形式培训内容

序号	培训内容	培训时间	培训形式
1	气候智慧型农业主要粮食作物生产技术	2016—2020	微信、电话
2	气候智慧型农业挂图与春联发放	2019	面对面
3	气候智慧型农业挂图与培训资料发放	2018	面对面
4	气候智慧型农业挂图发放与慰问贫困户	2018	面对面
5	气候智慧型农业科普赶集与培训	2019	面对面
6	气候智慧型农业挂图发放与培训	2019	面对面
7	气候智慧型农业文化衫发放与培训	2019	面对面
8	应对新型冠状病毒，做好小麦春季管理	2020	政府、微信、电话
9	新型疫情下，如何做好小麦赤霉病防治	2020	政府、微信、电话

图4-4　其他形式培训

3. 培训资料编写 2015—2020 年组织编写技术培训资料《气候智慧型农业发展理念与模式》《小麦赤霉病防治技术明白纸》《应对低温雨雪低温天气，做好小麦春季管理》等 18 份，发放近 3 万份培训材料（表 4-8）。

表 4-8　培训资料一览表

序号	培训材料名称
1	气候智慧型农业发展理念与模式
2	小麦赤霉病防治技术明白纸
3	应对低温雨雪低温天气，做好小麦春季管理
4	小麦-水稻农机农艺五融合技术
5	沿淮麦茬中粳（糯）稻旱直播水管生产技术
6	应对高温热害的水稻生产技术
7	稻麦两熟制麦秸秆还田机械化作业规范
8	小麦病虫草综合防治技术
9	水稻-小龙虾种养模式与关键技术
10	中粳稻优质高产栽培技术
11	稻田养鸭关键技术
12	全面实施乡村振兴战略，持续推进农村健康发展
13	怀远县水稻病虫害绿色防控技术
14	稻茬小麦春季田间管理技术
15	中粳稻病虫草害综合防治技术
16	小麦测土配方施肥及氮肥后移技术
17	应对新型冠状病毒，做好小麦春季管理
18	新冠疫情下，如何做好小麦赤霉病防治

4. 项目区测土配方的土壤采样与化验 为明确项目区土壤养分的现状和动态变化，为测土配方施肥、提高化学肥料利用效率提供依据，每年于小麦收获后采样，2016—2019 年共取土壤样本 1 200 个，并对所采土样进行实验室化验，测试指标包括土壤 pH、有机质、全氮、有效磷、速效钾等。

表4-9 各村土壤相关指标（2016—2019年）

指标	村落名称															
	关圩村	余夏村	砖桥村	张刘村	找母村	陈安村	刘圩村	刘楼村	回汉村	万福村	地飞公司	镇南村	镇西村	镇东村	后集村	灰南村
pH	6.6	5.6	6.2	5.8	5.9	6.4	6.6	6.6	6.3	6.2	5.7	6.0	6.4	6.6	6.9	6.6
有机质(g/kg)	24.6	22.8	22.3	26.6	26.0	24.9	23.3	23.4	24.8	25.4	22.5	55.3	24.2	25.8	20.3	24.6
全氮(g/kg)	1.4	1.5	1.4	1.6	1.6	1.4	1.3	1.4	1.5	1.4	1.2	1.3	1.5	1.6	1.2	1.5
有效磷(mg/kg)	33.1	26.1	33.6	38.7	26.1	22.3	22.8	26.1	25.0	23.9	44.8	25.2	57.1	61.2	16.0	9.2
速效钾(mg/kg)	195.7	179.8	182.4	178.2	188.3	193.9	196.2	158.1	230.6	179.1	223.3	136.3	160.0	155.3	133.0	146.0

（二）叶县项目区技术培训与服务实施效果

2016 年以来，叶县技术服务与咨询顾问团队（河南省农业科学院小麦研究所）在国家项目办和河南省能源站的指导下和叶县项目办、示范区农技部门支持下，成立以叶县技术服务与咨询顾问团队主管部门、河南省农村能源环境保护总站为主的"叶县技术培训与服务"领导小组。组建由河南省农业科学院、河南农业大学、河南省农业技术推广总站、河南省农机推广总站、河南省土壤肥料站、河南省植物保护植物检疫站等单位专家组成的土壤肥料、病虫害防治、作物栽培、农业机械等专业培训与服务咨询专家团队，并结合实际情况，邀请专家团队之外中国农业大学、中国农业科学院作物科学研究所、叶县农业农村局的专家授课。

咨询团队按照项目合同任务书，组织项目区规模化生产农户、基层农技服务人员集中会议培训和现场观摩学习 8 次（表 4-10），依托村级培训平台，在作物播种前和生育关键时期，邀请专家组成员及其他专家结合田间实际操作，进行"气候智慧型农业"理念、作物土肥优化管理、作物病虫草害防治高效防治技术、农技农艺技术培训等指导服务。

表 4-10 集中培训信息表

序号	时间	地点	主讲内容	参会人员
1	2017.3.8—2017.3.9	叶县维也纳酒店	小麦病虫害绿色防控、小麦高效配方施肥技术、保护性机械应用	示范区各村种粮大户、合作社负责人、农技人员
2	2017.5.8—2017.5.9	叶县维也纳酒店	气候智慧型农业理念、大豆高产高效种植技术、花生高产高效栽培技术	示范区各村种粮大户、合作社负责人、农技人员
3	2017.8.16	权印示范区	气候智慧型农业示范区观摩	权印种植大户
4	2018.3.5—2018.3.6	叶县维也纳酒店	小麦春季管理、农田生态理论与模式探讨	示范区各村种粮大户、合作社负责人、农技人员
5	2018.8.27—2018.8.29	龙泉乡会议室	小麦玉米病虫害高效防控	示范区各村种粮大户、合作社负责人、农技人员
6	2019.1.9—2019.1.10	叶县金悦宾馆	小麦、节本增效栽培	示范区各村种粮大户、合作社负责人、农技人员
6 7	2019.6.19—2019.6.21	叶县维也纳酒店	玉米保护性耕作、高产高效栽培 玉米苗情管理、小麦玉米全程机械化技术	示范区各村种粮大户、合作社负责人、农技人员
8	2019.8.28	权印示范区	水分一体化示范区观摩	各村种粮大户

开展会议培训、课堂培训、现场咨询、田间咨询、示范观摩 260 场次，并发放书籍、技术挂历、技术明白纸、技术扇子、病虫害预测预报等技术资料 2 万余份（表 4-11），建立微信群、推送信息 200 多次，电话答疑上百次，培训人员 12 000 多人次。

通过开展技术培训与服务、技术咨询与指导和技术服务，提升了示范区种粮大户、合作社、普通农民的知识水平，提高他们对新技术和新生产模式的接受能力。经项目其他团队跟踪调查，培训效果较好。

按时报送培训课件37份、相关纸质技术材料24份、病虫害预测预报23份及影像照片资料194张和各年度的总结报告，完成各项任务。

表 4-11　技术资料信息表

序号	内　　容	来源	数量
1	气候智慧型主要粮食作物生产科普挂图	国家项目办	400 份
2	小麦丰优高效栽培技术与机理	中国农业出版社	200 本
3	小麦提质丰产增效关键栽培技术挂历	自编	500 份
4	河南省冬小麦-夏玉米丰产高效技术历（2017 年）	气象出版社	500 本
5	河南省冬小麦-夏玉米丰产高效技术历（2018 年）	气象出版社	1 000 本
6	气候智慧型农业宣传材料	自编	2 000 份
7	小麦杂草防除技术	自编	2 000 份
8	小麦冬季管理技术	自编	2 000 份
9	小麦赤霉病防控明白纸	自编	2 000 份
10	春季麦田管理技术	自编	2 000 份
11	玉米适时晚收技术明白纸	自编	2 000 份
12	"气候智慧型主要粮食作物生产项目"简介扇子	自编	1 000 个
13	草地贪夜蛾识别与应急防控技术挂图	叶县农业农村局	100 份
14	叶县先种植技术手册	叶县农业农村局	100 本
15	现代林果栽培技术	叶县科学技术局	100 本
16	小麦主要病虫草害绿色防控技术手册	河南农科院植保所	500 本
17	叶县测土配方技术问答	叶县土壤肥料站	100 本
18	优质花生高产技术	叶县农业农村局	100 本
19	叶县小麦测土配方施肥技术	叶县土肥站	100 本
20	小麦播种技术要点	叶县农业局	200 份
21	麦田常见虫害图谱及防治措施	河南农科院植保所	500 份
22	麦田常见病害图谱及防治措施	河南农科院植保所	500 份
23	麦田常见草害图谱及防治措施	河南农科院植保所	500 份
24	小麦玉米优质高产 100 问	经济管理出版社	50 本
25	河南省主要农作物全程机械化生产模式与配套机械	中原出版传媒集团	50 本
26	全球环境基金气候智慧型农业项目宣传手册	叶县气候智慧型农业项目管理办公室	500 本
27	叶县新时代实用技术农民读本	叶县科技局	60 本
28	河南省 2017 年小麦赤霉病防控预警报	河南省植保植检站	50 份

（续）

序号	内　容	来源	数量
29	河南省 2017 年小麦中后期重大病虫害发生趋势预报	河南省植保植检站	50 份
30	河南省 2017 年玉米中后期主要病虫害发生趋势预报	河南省植保植检站	50 份
31	小麦条锈病防治警报（2017 年 4 月 26 日）	平顶山农业局植保站	50 份
32	河南省 2017 年夏蝗发生趋势预报	河南省植保植检站	50 份
33	河南省 2017 年秋蝗发生趋势预报	河南省植保植检站	50 份
34	2018 年春季小麦、油菜中后期病虫害发生趋势预报	叶县植保站	50 份
35	平顶山市 2018 年春季小麦病虫害发生趋势预测	平顶山农业局植保站	50 份
36	河南省 2018 年秋播地下害虫发生趋势预报	河南省植保植检站	50 份
37	河南省 2018 年小麦中后期病虫草害防治技术指导意见	河南省植保植检站	50 份
38	关于继续加强小麦后期病虫害防控工作的紧急通知	河南省植保植检站	50 份
39	河南省农业厅关于加强秋作物重大病虫害监测防控工作的通知	河南省农业厅	50 份
40	平顶山市 2018 年秋作物主要病虫害发生趋势预测	平顶山农业局植保站	50 份
41	河南省 2019 年小麦中后期重大病虫害发生趋势预报	河南省植保植检站	50 份、微信群发送
42	叶县 2019 年小麦中后期重大病虫害专业化统防统治实施方案	叶县农业局	50 份、微信群发送
43	2019 年河南省草地贪夜蛾综合防控技术指导意见	河南省农业农村厅	50 份、微信群发送
44	河南省 2019 年秋作物中后期主要病虫害发生趋势预报	河南省植保植检站	50 份、微信群发送
45	河南省 2019 年玉米中后期主要病虫害发生趋势预报	河南省植保植检站	50 份、微信群发送
46	叶县 2020 年小麦重大病虫害防控实施方案	叶县农业农村局	微信群发送
47	平顶山市 2020 年春季小麦病虫害发生趋势预测	平顶山农业局植保站	微信群发送
48	抓紧查治小麦条锈病	平顶山农业局植保站	微信群发送

表 4-12　培训人员总体信息表

年份	培训人数（人次）	其中女性（人次）	女性比例（％）
2016	2 433	1 379	56.68
2017	3 367	2 027	60.20
2018	4 160	2 241	53.87
2019	3 005	1 588	52.85
合计	12 965	7 235	55.80

表 4-13　2017 年培训人员信息表

时间	地点	培训类型	男	女	＞60	50～59	40～49	＜40	合计
3.8	示范区	田间培训	29	36	15	34	13	3	65
3.9	集中授课	课堂培训	136	43	42	89	38	10	179

（续）

时间	地点	培训类型	男	女	＞60	50～59	40～49	＜40	合计
4.10	示范区	田间培训	24	41	22	28	13	2	65
4.11	示范区	课堂培训	45	118	45	68	35	15	163
5.8	现场咨询	媒体宣传	68	86	37	72	38	7	154
5.9	集中授课	课堂培训	39	55	29	42	19	4	94
7.15	示范区	课堂培训	49	21	19	37	12	2	70
7.15	示范区	田间培训	44	28	23	33	11	5	72
8.16	示范区	田间培训	34	10	9	18	11	6	44
8.31—9.1	示范区	媒体宣传	129	232	126	145	64	26	361
9.7	示范区	课堂培训	61	94	53	76	22	4	155
11.8—9	示范区	课堂培训、媒体宣传	228	359	182	210	142	53	587
11.28—11.29	示范区	媒体宣传	147	211	91	204	49	14	358
8.31—9.1 11.8—11.9 11.28—11.29	示范区	发放技术资料	307	693	237	455	264	44	1 000
	合计		1 349	2 027	930	1 511	731	195	3 367

表4-14　2018年培训人员信息表

培训时间	培训类型	培训地点	专家人次	男	女	＞60	50～60	40～50	＜40	合计
3.5	现场咨询	叶县县城	5	71	4	15	32	21	7	75
3.6	课堂培训	叶县县城	3	71	4	15	32	21	7	75
3.6	田间咨询	牛杜庄试验田	4	16	6	8	13	1	0	22
4.11	田间咨询	权印示范田、牛杜庄试验	5	6	4	2	8	0	0	10
4.12	课堂培训	铁张村、曹庄村	2	93	142	67	97	44	27	235
4.12	现场咨询	铁张村、曹庄村	7	82	115	58	88	35	16	197
5.6	田间咨询	权印示范田	7	11	4	4	8	3	0	15
5.7	课堂培训	娄樊村、西慕庄村	2	93	149	67	104	44	27	242
5.7	现场咨询	娄樊村、西慕庄村	5	65	87	39	64	36	13	152
5.29	课堂培训	郭吕庄村	2	43	19	5	22	29	6	62
5.29	现场咨询	郭吕庄村	5	28	12	4	18	14	4	40
	1—6月合计		47	579	546	284	486	248	107	1 125
8.27—8.29	田间咨询	权印村	7	58	17	6	25	36	8	75
8.27—8.29	课堂培训	权印村、娄樊村、西慕庄、郭吕庄	6	126	228	46	165	108	35	354
8.27—8.29	现场咨询	权印村、娄樊村、西慕庄、郭吕庄	12	98	125	27	102	76	18	223

（续）

培训时间	培训类型	培训地点	专家人次	男	女	>60	50～60	40～50	<40	合计
9.17	田间咨询	北大营村	7	34	42	9	34	25	8	76
	课堂培训	北大营村、曹庄村	2	105	152	33	124	88	12	257
	现场咨询	北大营村、曹庄村	7	78	102	25	88	59	8	180
11.5—11.7	课堂培训	龙泉村、大何庄村、曹庄村	6	188	265	45	214	165	29	453
	现场咨询、田间咨询	龙泉村、大何庄村、曹庄村	16	145	172	36	147	115	19	317
	7—12月合计		63	832	1 103	227	899	672	137	1 935
	7—12月微信培训人数		8	187	113					300
	7—12月发放资料人数		15	321	479					800
	合计		133	1 919	2 241					4 160

表 4-15　2019 年培训人员信息表

培训时间	培训类型	培训地点	专家人次	男	女	>60	50～60	40～50	<40	合计
1.9	课堂培训	叶县县城	2	45	9	4	32	13	5	54
1.10	现场咨询	叶县县城	7	45	9	4	32	13	5	54
4.16	课堂培训	南大营、贾庄	2	42	72	38	48	22	6	114
	现场咨询	南大营、贾庄	8	42	72	38	48	22	6	114
4.22—4.24	课堂培训	小河王、小河郭、白浩庄	6	79	97	73	59	31	13	176
	现场咨询	小河王、小河郭、白浩庄	12	79	97	73	59	31	13	176
	田间咨询	小河郭、白浩庄	7	47	62	41	33	28	7	109
6.19	课堂培训	叶县县城	2	54	9	5	38	17	3	63
	现场咨询	叶县县城	5	54	9	5	38	17	3	63
6.20—6.21	课堂培训	草厂、白浩庄、半截楼村	6	75	112	98	54	26	9	187
	现场咨询	草厂、白浩庄、半截楼村	15	75	112	98	54	26	9	187
	田间咨询	白浩庄、半截楼村	10	38	57	43	29	17	6	95
7.12	田间咨询	权印示范区	5	24	19	21	16	5	1	43
8.26—8.28	课堂培训	辛善庄、小何王、曹庄、权印	4	113	144	112	91	38	16	257
	现场咨询	辛善庄、小何王、曹庄、权印	7	113	144	112	91	38	16	257
	田间咨询	权印	7	49	38	34	29	18	6	87

（续）

培训时间	培训类型	培训地点	专家人次	男	女	>60	50~60	40~50	<40	合计
11.25—11.26	课堂培训	娄樊、郭吕庄、北大营	3	97	138	91	72	55	17	235
	现场咨询	娄樊、郭吕庄、北大营	6	97	138	91	72	55	17	235
	田间咨询	北大营	6	43	31	22	31	17	4	74
12.9	田间观摩	权印示范区	2	17	8	4	12	5	4	25
小计			122	1 228	1 377	1 007	938	494	166	2 605
微信培训			12	189	211					400
合计			134	1 417	1 588					3 005

（三）技术培训与服务的实施成效

1. 普及气候智慧型农业的理念　通过培训，普及了气候智慧型农业的理念，尤其是合作社、种粮大户参加了集中培训，了解节能减排固碳、适应气候变化理念，提高作物生产适应气候变化能力等技术，并通过各自微信群、座谈会传播给各示范区农户。同时开展各示范区农户巡回培训，又加强了示范区农户者的知识水平，提高他们对新技术和新生产模式的接受能力，促进当地农业可持续发展。

2. 使农户了解技术和原理　通过培训，示范区农户了解作物需肥规律、需水规律、不同土壤供肥特性及不同肥料效应及增产原理。明白减少肥料投入技术、节水灌溉技术、秸秆覆盖技术、保护性耕作技术、农林结合技术，达到节能减排效果，增强作物生产对异常气候的抗灾减灾能力，缓解普遍存在的高投入、低利用率问题，促进了当地农业绿色高质量发展。

3. 使农户掌握病虫害发生规律和高效防控措施　通过培训，种粮大户、合作社、广大农民掌握当地作物主要病虫草的发生规律和危害状况及高效防控措施，尤其是最新虫害草地贪夜蛾的发生规律、防治办法的培训，提高了农民的认识。及时向农民发放预测预报信息，准确及时制定防治对策、农民做到适期施药、精准用药，显著提高病虫防效，大幅降低农药的使用量，减少农药污染。培训农民鉴别农药、识别假药、正确选择高效低毒农药，充分利用新型喷药机械提高施药效果、减少劳动力投入。进一步掌握病虫害高效防控技术，应对异常气候防灾减灾技术，保障示范区粮食稳产增收、提高了示范区粮食生产的效率和效益。

4. 使农户提高机械化水平，明确高质量秸秆还田的重要性　通过培训，种粮大户、合作社、广大农民提高机械化水平，明确高质量秸秆还田的重要性，合理选择农机、提高播种质量，提高秸秆还田质量、提高保护性耕作技术水平，掌握农机农艺一体化关键技术，提高农机作业效率，降低能耗，实现节能减排。

5. 提升农民产业结构调整的意识　通过培训，种粮大户、合作社、广大农民提高花生和大豆种植技术，实现花生、大豆高产高效栽培，加大小麦-大豆、小麦-花生种植面积，带动了当地种植业结构的调整，为推动环境友好型农业可持续发展、温室气体减排做出贡献。通过现场效果观摩，提升了农民产业结构调整的意识，实现增产增收。

6. 编制培训材料在示范区发放 通过培训，根据气候智慧型农业在当地的实施，编制了《气候智慧型农业宣传材料》《小麦杂草防除》《小麦冬季管理技术》《小麦赤霉病防控明白纸》《春季麦田管理技术》《玉米适时晚收技术明白纸》《草地贪夜蛾识别与应急防控技术挂图》《小麦主要病虫草害绿色防控技术手册》《麦田常见虫害图谱及防治措施》《麦田常见病害图谱及防治措施》《麦田常见草害图谱及防治措施》等培训材料在示范区发放。

7. 相关成果由河南科技报等媒体的报道 相关成果得到河南科技报等媒体的报道，河南科技报（2018年4月10日头版）以"叶县农业越来越'聪明'"，科学网（2018年5月1日）以"河南叶县气候智慧型农业培训成效显著"为题对取得的相关成果进行了报道。

8. 收集整理了技术培训与服务影像资料 在培训、咨询与田间观摩等，收集整理一套技术培训与服务影像资料，主要包括室内培训、室内咨询、田间咨询、田间观摩服务录像、照片等。

9. "气候智慧型农业"新成果 通过5年的气候智慧型农业项目的实施，项目区农户对"气候智慧型农业"有了新的认识，选用了更加科学的种植管理方式和新品种，利用项目资金购进新装备，促进种植业绿色环保成果转化和技术推广，共同构建了新的生态和新的环境。

①新概念：项目区农户对气候智慧型农业项目推广由被动培训到主动应用。例如秸秆的综合利用；由水稻直播到机插秧。

②新模式：总结五年来新的种植模式，如稻田综合种养模式、大棚西瓜（草莓）-水稻模式、马铃薯-水稻模式、绿肥-水稻模式等。

③新品种：万福镇刘圩村种粮大户刘景刚承包土地800亩，用气候智慧型农业理念，带头更换小麦品种。适应气候变化，由项目实施前追求高产小麦品种（白皮）逐步向稳产、高产、抗赤霉病病、抗穗发芽、抗倒伏、耐渍的小麦品种（红皮）。

④新技术：水稻机插秧同步侧深施肥技术、小麦赤霉病全程防控技术、定量灌溉技术、科学整地技术、无人机植保技术、无人机水稻直播技术、气候适应性种植技术、生态拦截等多种固碳减排新技术等。

⑤新装备：激光平整地机、大型宽幅喷药机、水稻收获粉碎旋耕机、无人机病虫害绿色防控和无人机水稻直播机、水稻抛秧机。

⑥新生态、新环境：化肥减量施用节能减排技术的示范应用；优化灌溉技术的示

范应用；科学整地；合理配施化肥；气候适应性种植；生态拦截等多种固碳减排新技术。

四、技术培训与服务的经验

"气候智慧型农业"对于国内无论是专家、农技人员还是农民，都是一个新事物，为了做好培训，怀远和叶县技术培训与服务咨询服务团队筹建培训师资，策划培训材料，创新培训方法，圆满完成各项培训任务。

1. **建立有效的管理团队**　成立由省项目办、培训单位、县项目办有关人员组成的领导小组，为项目的实施奠定了基础。

2. **筹建高水平的师资队伍**　为了提高"气候智慧型粮食作物生产项目"培训效果，在筹建师资队伍时，咨询团队充分考虑师资的单位来源、从事专业、职称结构，筹建了土壤肥料、植物保护、作物栽培、植物营养、农业机械、农业信息、农产品加工等学科，农业科研部门、教学部门、技术推广部门长期从事农业一线工作的专家，具有一定的理论知识和实践技能，师资专业结构、职称结构、年龄结构合理，能够胜任气候智慧型粮食作物生产项目的培训。

3. **编写高质量的培训材料**　培训过程中咨询团队及师资团队结合自己的研究成果、现代农业的发展趋势、当前生产中的需要，为提高化肥、农药、灌溉水等投入品的利用效率和农机作业效率，减少作物系统碳排放，增加农田土壤碳储量，增强作物生产对气候变化的适应能力，推动农业生产的节能减排。资料来源广泛，有国家、省、地方多个部门；资料种类丰富，有书籍、明白纸、挂图、通知等多种多样；资料内容多样、知识丰富，包括植保、土肥、农机、栽培等多学科、多专业。

发放了国家项目办制作的《气候智慧型主要粮食生产科普挂图》《小麦丰优高效栽培技术与机理》"小麦赤霉病防治技术"明白纸、《应对低温雨雪低温天气，做好小麦春季管理》《小麦-水稻农机农艺五融合技术》《沿淮麦茬中粳（糯）稻旱直播水管生产技术》《应对高温热害的水稻生产技术》《稻麦两熟制麦秸秆还田机械化作业规范》《小麦病虫草综合防治技术》《水稻-小龙虾种养模式与关键技术》《中粳稻优质高产栽培技术》《稻田养鸭关键技术》《全面实施乡村振兴战略，持续推进农村健康发展》《怀远县水稻病虫害绿色防控技术》《稻茬小麦春季田间管理技术》《中粳稻病虫草害综合防治技术》《小麦测土配方施肥及氮肥后移技术》《玉米适时晚收技术明白纸》《草地贪夜蛾识别与应急防控技术挂图》《小麦主要病虫草害绿色防控技术手册》《麦田常见虫害图谱及防治措施》《麦田常见病害图谱及防治措施》《麦田常见草害图谱及防治措施》等培训材料。

为推动气候智慧型主要粮食生产项目的实施，扩大培训的影响力，项目组精心设计了《气候智慧型主要粮食作物生产项目文化衫》《小麦提质丰产增效关键栽培技术挂历》《气候智慧型主要粮食作物生产项目技术扇子》《麦田常见虫害图谱》等技术资料。

4. 利用现代媒介，提高培训覆盖度和时效性 鉴于部分农民无法及时参加现场培训，培训团队通过电话、建立微信群，发送相关资料，提高培训覆盖度。并根据作物生育时期、推送相关技术信息，及时指导农民进行田间管理。

特别是在新冠疫情特殊情况下，咨询团队还通过农科大讲坛及时传递技术服务。怀远县项目区和叶县项目区气候智慧型农业团队编写了《应对新型冠状病毒，做好小麦春季管理》和《新冠疫情下，如何做好小麦赤霉病防治》等培训技术资料，开展"农科大讲堂"电视讲座通过省电视台播放，通过怀远县项目办、叶县项目办、农业农村局、万福镇政府、龙泉镇政府和微信群，多渠道及时将粮食绿色生产技术推广到种植大户和普通农户。

5. 创新了灵活多样的培训服务和技术扩散方式 培训服务过程中注重与乡村活动如娱乐、集会等相结合，提高了培训效率；编撰了培训教材、技术明白纸、小扇子，发放"气候智慧型主要粮食作物生产项目"文化衫，春节访问指导，科普赶集，技术扩散方式多样又通俗易懂；加强技术培训和实际指导相结合，通过实地解决农民的实际技术问题，达到技术推广的目的。

第五章
发展气候智慧型农业的中国经验

一、坚持政策引导，保障技术措施落地

通过政策和制度优化设计、集成相关部门资源优势，探索建立协调粮食增产与农民增收、固碳减排与适应气候变化能力提升的政策措施。把发展气候智慧型农业与实施乡村振兴战略、生态文明建设和农业绿色发展有机结合起来，把发展气候智慧型农业作为转变农业发展的重要方式，采取政策引导的方式，确保化肥减量施用技术、农药减量实用技术、机械化秸秆还田与保护性耕作固碳技术、优化灌溉技术等技术措施落地。

二、坚持技术创新，构建实用技术模式

通过优化技术体系、筛选药剂和新肥料，开展化肥减量施用技术示范应用、农药减量施用与病虫害综合防治技术示范应用、优化灌溉技术示范应用等活动，建立了"小麦-玉米"与"小麦-大豆"的复种轮作模式、"水稻-小麦"与"水稻-油菜"的复种轮作模式，促进生产节肥、节水、节药，实现显著减少农田排放的目标。开展无人机稻种直播试验，替代传统手工播撒种子与地面机械式播种，省工省时省种，既降低成本，又有利于提高水稻产量。

三、坚持示范带动，稳步推进项目实施

针对化肥用量偏高、施肥方式不合理等问题，重点开展精准配方平衡施肥和机械化高效施肥技术应用示范，通过示范带动，逐步扩大技术示范推广规模。以项目为契机，加强乡级技术服务队伍，为乡级技术人员提供强化式培训。围绕项目的实施，建立乡村有机整合的农业社会化技术服务体系。采取有效的培训模式和机制，培养一定

数量的农民技术员和技术示范户，建立"科研、培训、推广"三位一体的技术支撑体系，将科学研究与技术推广有机地结合起来。开展产学研协作攻关，研发推广一批农业绿色生产技术产品，为发展气候智慧型农业提供保障。

四、坚持农民自愿，发挥农民主体作用

长期以来，农民缺乏接受新技术，提高科学意识和环境意识的有效渠道。农户在使用化肥和农药的决策中，主要凭经验，化肥使用量和农药使用量一般按照保险的心理高于技术要求。几乎所有的农户均没有使用农家肥的习惯，在秸秆还田上，怀远县的比例十分低，焚烧秸秆仍然是主要的处理方式。在叶县部分养殖专业户的粪便没有进行有效的处理，导致其随处堆放流失，对环境造成污染。要坚持农民自愿，尊重农民意愿，发挥农民和新型农业经营主体的主体作用，稳步推进气候智慧型农业发展。

五、坚持宣传发动，营造良好环境氛围

项目实施过程中，通过收集、整理、宣传项目成果与经验，制作《项目宣传品》，印制了 7 000 套项目宣传品（春联），通过群众喜闻乐见、乐于接受的传播途径对固碳减排技术进了有效宣传。通过示范和推广节能减排和固碳技术，引进新品种、引进资金，传播新信息，将有效更新农民生产观念，强化可持续生产的理念。通过宣传教育和培训，可使更多的群众懂得降低农业生产环境影响的意义和重要性，并且能够自觉地参与到保护农业生态环境这一行列中来，从而逐步改变传统落后的生产和生活方式。

参考文献 REFERENCES

［1］ FAO. Climate Smart Agriculture Sourcebook ［M］. Rome：Food and Agriculture Organization of the United Nations，2013.

［2］ LIPPER L，THORNTON P，CAMPBELL B M，et al. Corrigendum：Climate-smart agriculture for food security ［J］. Nat. Clim. Change，2015，4（12）：1068-1072.

［3］ STEENWERTH K L，HODSON A K，BLOOM A J.，et al. Climate-smart agriculture global research agenda：scientific basis for action ［J］. Agriculture & Food Security，2014，3（1）：1-39.

［4］ LYBBERT T J，SUMNER D A. Agricultural technologies for climate change in developing countries：Policy options for innovation and technology diffusion ［J］. Food Policy，2012，37：114-123.

［5］ MCCARTHY N. Climate-smart agriculture in Latin America：drawing on research to incorporate technologies to adapt to climate change ［R］. Inter-American Development Bank，2014.

［6］ 彭云. 探索气候智慧型农业 ［J］. 高科技与产业化，2015，（7）：52-55.

［7］ ROSS K. Preparing for an uncertain future with climate smart agriculture ［J］. California Agriculture，2016，70：4-5.

［8］ 索荣. "气候智慧型农业" 的尝试 ［N］. 农资导报，2014，C01.

［9］ LONG T B，BLOK V，CONINX I. Barriers to the adoption and diffusion of technological innovations for climate-smart agriculture in Europe：evidence from the Netherlands，France，Switzerland and Italy ［J］. Journal of Cleaner Production，2016，112：9-21.

［10］ SIMINSKI A，DOS SANTOS K L，WENDT J G N. Rescuing agroforestry as strategy for agriculture in Southern Brazil ［J］. Jouranl of Forest Research，2016，27：739-746.

［11］ BOGDANSKI A. Integrated food-energy systems for climate-smart agriculture ［J］. Agriculture & Food Security，2012，1：9.

［12］ PERI P L，DUBE F，VARELLA A. Silvopastoral System in Southern South America ［M］. Advances in Agroforestry，Ramachandran N P K，Springer，2016：11.

［13］NEGRA C，VERMEULEN S，BARIONI L G，et al. Brazil，Ethiopia，and New Zealand lead the way on climate-smart agriculture ［J］. Agriculture & Food Security，2014，3 (1)：19.

［14］BHATT R，KUKAL S S. Direct Seeded Rice in South Asia ［M］. Sustainable Agriculture Reviews，Lichtfouse E，Springer International Publishing，2015：18.

［15］JAT M L，DAGAR J C，SAPKOTA T B，et al. Chapter Three- Climate Change and Agriculture：Adaptation Strategies and Mitigation Opportunities for Food Security in South Asia and Latin America ［J］. Advances in Agronomy，2016，137：127-235.

［16］KHATRI-CHHETRI A，ARYAL J P，SAPKOTA T B，et al. Economic benefits of climate-smart agricultural practices to smallholder farmers in the Indo-Gangetic Plains of India ［J］. Current Science，2016，110：1251-1256.

［17］GRACE P R，HARRINGTON L，JAIN M，et al. Long-term sustainability of the tropical and subtropical rice-wheat system：an environmental perspective ［M］.//Improving the Productivity and Sustainability of Rice-Wheat Systems：Issues and Impacts，LADHA J K，HILL J E，DUXBURY J M，et al，ASA Special Publication，2003：65.

［18］卓乐，曾福生. 发达国家及中国台湾地区休耕制度对中国大陆实施休耕制度的启示［J］. 世界农业，2016 (9)：80-85.

［19］MURUNGWENI C，VAN WIJK M T，SMALING E M A，et al. Climate-smart crop production in semi-arid areas through increased knowledge of varieties，environment and management factors ［J］. Nutrient Cycling in Agroecosystems，2016，105：183-197.

［20］KIPKOECH A K，TAMBI E，S. Bangali. State of Knowledge on CSA in Africa，Case Studies from Ethiopia，Kenya and Uganda Forum for Agricultural Research in Africa，Accra，Ghana ［R］. FARA report，2015.

［21］刘红梅，杨殿林. 澳大利亚农业发展概况及对我国农业发展启示 ［J］. 农业环境与发展，2008 (5)：32-35.

［22］马常宝. 我国农业肥料施用发展趋势与展望 ［J］. 中国农技推广，2016，32 (6)：6-10.

［23］韩洪云，杨增旭. 农户测土配方施肥技术采纳行为研究——基于山东省枣庄市薛城区农户调研数据 ［J］. 中国农业科学，2011，44 (23)：4962-4970.

［24］曹坳程，郑传临，董丰收，等. 减少农药使用量策略与思考 ［J］. 农药市场信息，2015 (7)：12-16.

［25］何俊仕，曹丽娜，逢立辉，等. 现代农业节水技术 ［J］. 节水灌溉，2005 (4)：36-39.

［26］康绍忠，蔡焕杰，冯绍元. 现代农业与生态节水的技术创新与未来研究重点 ［J］. 农业工程学报，2004，20 (1)：1-6.

［27］张海林，高旺盛，陈阜，等. 保护性耕作研究现状、发展趋势及对策 ［J］. 中国农业大学学报，2005，10 (1)：16-20.

［28］汪开英，黄丹丹，应洪仓.畜牧业温室气体排放与减排技术［J］.中国畜牧杂志，2010，46（24）：20-22.

［29］徐皓，张祝利，张建华，等.我国渔业节能减排研究与发展建议［J］.水产学报，2011，35（3）：472-480.

［30］FAO. "Climate-Smart" Agriculture：Policies，Practices and Financing for Food Security，Adaptation，and Mitigation［R］. Rome，Food and Agriculture Organization of the United Nations，2010.

［31］FAO. Developing a Climate-Smart Agriculture Strategy at the Country Level：Lessons from Recent Experience［R］. Vietnam，Hanoi，Food and Agriculture Organization of the United Nations，2012.

［32］WOLLENBERG E，HERRERO M，WASSMANN R，et al. Setting the agenda：climate change adaptation and mitigation for food systems in the developing world［J］. Iwmi Working Papers，2012，78（1）：7-20.

［33］胡璇子.中国气候智慧型农业的未来［J］.农村·农业·农民（B版），2014（11）：6-8.

［34］张卫建.节能减排稻作模式及丰产栽培技术研究获重要进展［J］.北京农业：实用技术，2010（002）：52-52.

［35］谭淑豪，张卫建.中国稻田节能减排的技术模式及其配套政策探讨［J］.科技导报，2009，27（0923）：96-100.

［36］章永松，柴如山，付丽丽，等.中国主要农业源温室气体排放及减排对策［J］.浙江大学学报（农业与生命科学版），2012，38（1）：97-107.

［37］黄耀.中国的温室气体排放，减排措施与对策［J］.第四纪研究，2006，26（5）：722-732.

［38］党立斌，李敏.探索在农业领域推广运用 PPP 模式［J］.中国财政，2016（6）：32-34.

图书在版编目（CIP）数据

固碳减排 稳粮增收 气候智慧型农业的中国良好实践/王全辉等编著．—北京：中国农业出版社，2020.12

（气候智慧型农业系列丛书）

ISBN 978-7-109-27597-3

Ⅰ.①固… Ⅱ.①王… Ⅲ.①气候变化－影响－农业－节能－研究－中国 Ⅳ.①S

中国版本图书馆 CIP 数据核字（2020）第 236066 号

中国农业出版社出版

地址：北京市朝阳区麦子店街 18 号楼

邮编：100125

丛书策划：王庆宁

责任编辑：李 梅

版式设计：王 晨 责任校对：吴丽婷

印刷：中农印务有限公司

版次：2020 年 12 月第 1 版

印次：2020 年 12 月北京第 1 次印刷

发行：新华书店北京发行所

开本：787mm×1092mm 1/16

印张：7

字数：175 千字

定价：39.80 元
